U0258469

通识学院

101 Things I Learned in Culinary School

关于烹饪的101个常识

[美] 路易斯·埃瓜拉斯（Louis Eguaras） [美] 马修·弗雷德里克（Matthew Frederick）著　神婆 译

中信出版集团 | 北京

图书在版编目（CIP）数据

关于烹饪的 101 个常识 /（美）路易斯·埃瓜拉斯，
（美）马修·弗雷德里克著；神婆译 . -- 北京：中信出
版社，2023.10
（通识学院）
书名原文：101 Things I Learned in Culinary
School
ISBN 978-7-5217-5988-4

Ⅰ . ①关 ... Ⅱ . ①路 ... ②马 ... ③神 ... Ⅲ . ①烹饪—
基本知识 Ⅳ . ① TS972.1

中国国家版本馆 CIP 数据核字 (2023) 第 169333 号

关于烹饪的 101 个常识

著　者：[美] 路易斯·埃瓜拉斯　[美] 马修·弗雷德里克
译　者：神婆
出版发行：中信出版集团股份有限公司
　　　　（北京市朝阳区东三环北路 27 号嘉铭中心　邮编　100020）
承　印　者：北京盛通印刷股份有限公司

开　　本：787mm×1092mm　1/32
印　　张：6.5
字　　数：101 千字
版　　次：2023 年 10 月第 1 版
印　　次：2023 年 10 月第 1 次印刷
京权图字：01-2019-7272
审　图　号：GS 京（2023）1745 号
书　　号：ISBN 978-7-5217-5988-4
定　　价：48.00 元

来自路易斯

感谢阿格尼丝，感谢她对我的信任，感谢她所做的一切。

作者序

　　自本书第一版出版以来，烹饪世界以惊人的速度发展，这在很大程度上要归功于与食物相关的网站、电视节目、食谱生成器、烹饪应用程序、预制饭菜配送系统的发展。我们希望这本书也能起到这样的作用。

　　这个一直要求掌握大量信息和技能的领域变得更加复杂。当有这么多东西要学的时候，我们从哪里开始呢？

　　就从这里。我们在新版中提供了有用的建议、智慧结晶和信息框架，帮助你开始在厨房工作，或者更准确地说，让你在开始工作前做好准备。无论是买锅，挑选土豆，还是烤牛排，这本书都将帮助你弄清楚什么是最重要的，这有助于你组织你的学习。

　　如果你是一名经验丰富的厨师，你会在许多提醒和见解中找到有助于你提升的方法。如果你正在这一领域谋求职业，你将学习到烹饪专业的关键方面——厨师如何思考和行动、专业厨房如何运作，以及保持餐厅平稳运行的术语和程序。

和第一版一样，这不是一本食谱书。虽然它会教你一些烹饪技巧，但最重要的是，我们希望它能帮助你做好烹饪准备。因此，可以把这本书放在厨房里，作为参考，或者把它放在你的咖啡桌上、工具箱里，或者夹克口袋里，在空闲的时候仔细阅读。可以随时阅读这本书，甚至是在课间、公交车上或等水烧开时。把它作为一个友好的提醒和复习。

路易斯·埃瓜拉斯　马修·弗雷德里克

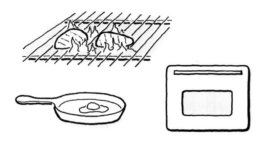

干热烹饪

直接加热或用油

湿热烹饪

以水为基础

只有两种烹饪方法

干热烹饪使用辐射、对流或油,让食物直接和热源接触。方法包括炒、煎、炸、烧烤、炙烤、焙烧和烘焙。这个过程会使食物表面褐变或烧焦。

湿热烹饪通过把食物浸泡在水或水基液体(如牛奶、葡萄酒或蔬菜高汤)中,将热量传递给食物。方法包括煮、煨、炖和蒸。食物不会变成褐色,通常煮熟后很嫩。

真空低温烹饪是将食物密封在塑料或玻璃中,并在热水中加热很长时间。这使得真空低温烹饪成为一种间接的加热方法,尽管水是加热介质,但它不会与食物接触。在焖和烩时,干热烹饪和湿热烹饪通常同时出现,厨师通常先轻煎食物,然后在液体中慢慢煨。

烹饪用具

在顶部测量

烘焙用具

在底部测量

不要买一整套厨具

铸铁：非常重，可以均匀加热并保持非常高的温度，是褐变／轻煎的理想选择。耐用，但会与酸起反应，因此需要进行季节性养护（涂食用油作为保护层），以防止生锈。搪瓷铸铁锅不需要特别养护，但它会碎裂和变色。

不锈钢：重量轻，不与酸起反应，也不是很好的导热体。最好买表面有铝层或其他高导电材料的，以促进热传递。

铝：重量轻，价格低，是良好的导热体，但会与酸起反应，而且容易凹陷。阳极氧化铝更不易起反应，且更耐用。

碳钢：耐用，加热快，需要定期养护，适用于炒锅、西班牙海鲜饭锅和可丽饼煎锅。

铜：导热性最好，加热最均匀，好控制温度，价格昂贵，会与酸起反应，很快就会失去光泽，常用于制作酱汁和炒菜。

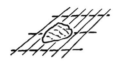

烤架

直火烤食物

酱汁锅

酱汁、蛋奶沙司、意大利烩饭、
奶油食品；搅拌

煎锅

焖、煎

烤板

平整加热表面

平底锅

褐变、焦糖化；收汁

炖锅

基础加热和煮

烤板不是烤架

烤板：带有平坦加热表面的沉重的炊具，常用于制作煎饼、煎鸡蛋、煎蛋卷、煎芝士牛排和其他晚餐类型的食物。

烤架：网状，可以让食物直接暴露在火上，在烹饪肉类、鱼类和蔬菜时最有用。

炖锅：具有方形横截面，用于基础加热和煮。

酱汁锅：具有锥形横截面和圆形底部，适合制作酱汁、蛋奶沙司、意大利烩饭和其他奶油食品。因为酱汁锅通常比较小，食物在锅里始终在核心加热区域。此外，它的形状适合搅拌。

平底锅：锅身低，喇叭形有助于消散水分，尤其适用于煎、褐变 / 焦糖化和收汁。其倾斜的侧面便于翻转食物，并在完成后将其倒入盘中。

煎锅：用于煎，但有又直又高的锅体侧面，也配有盖子，以减少油飞溅，保持热量和水分。它特别适用于混合烹饪，例如先将食物煎成褐色，然后再进行湿热烹饪。

餐厅厨房如战场

餐厅厨房不是家庭厨房的专业版，而是一个所有活动相互关联的高度有序的生产系统。每一种食物和废料均有自己的安排，每道菜都符合主厨的愿景，每道菜的成功需要严格遵守厨房系统建立的指挥链。

行政主厨：负责厨房的方方面面，包括菜单、食谱、用品、设备、供应商和人员配备，经常担任跑单员。

跑单员：对菜品进行最后检查，以验证其是否符合行政主厨的标准和愿景。负责擦拭污渍，添加装饰物，与服务员配合。

副厨师长：二把手。通常是见习行政主厨，负责招聘和安排人员，也会担任跑单员。

工位厨师：客人点餐后直接准备食物，是厨房工作的一个环节，例如准备酱汁、烧烤、炒菜、鱼、炸、焙烧、蔬菜，或作为冷盘厨师（准备冷食），也可以在别的环节补位。其直接主管为副厨师长。

预备厨师：为工位厨师做好准备工作，如称重，切配肉、海鲜、蔬菜、水果，监控汤和酱汁的出品等。

bri-GADE.[1]

bri-GADE.

bri-GADE.

bri-GAHD.

bri-GAHD.

bri-GAHD.

厨房行话

整天 (All Day)：要准备的物品总数，例如，2 个小汉堡 +1 个中汉堡 = 一天 3 个汉堡 (3 burgers all day)。

检查分数（Check the score）：告诉我需要准备的单子数量。

哈德孙河下游（Down the Hudson）：进行垃圾处理。

拖延（Dragging）：没有准备好剩余的订单，例如，"薯条正在炸"（The fries are dragging）。

落下 (Drop)：开始烹饪，例如，"开始炸薯条"(Drop the fries)。

家庭餐（Family meal）：在轮班之前或之后为厨房工作人员准备的一顿饭。

开火（Fire）：开始烹饪，但更紧急，例如，"开始做汉堡"。

给我找个跑腿的（Get me a runner）：现在找个人把这些食物端到桌子上。

在杂草中（In the weeds）：还没有做好。

让它哭（Make it cry）：加洋葱。

那个人（The Man）：卫生检查员（无论男女）。

在轨道上或在飞行中（on a rail or on the fly）：非常紧急，例如，"马上给我拿两份汤"(Get me two soups on the fly)。

"就位"是一种锤炼，也是一种哲学。

在开始直接准备菜肴或开始轮班之前，作为一名厨师，你需要确定必要的一切，包括收集食谱、配料、餐具、锅、盘、高汤、酱汁、油和其他任何东西。你得做好所有的准备工作，并按照烹饪开始时使用的顺序安排好所有东西。

有效的就位能最优化厨师的空间和时间。它允许一个人在一种随时准备的状态下工作，而不必停下来寻找所需的物品。但就位不仅仅是一种准备方式，也是厨师处置厨房事务与建立工作秩序的一种哲学思考方式：食物、锅和餐具如何存放，以及存放在哪里；食物从到达到储存、准备、盛盘和上桌的过程；甚至清理和浪费。有效的就位应该渗透到整个厨房环境和其人员的心中。

当你按照自己喜欢的方式设置好一切时，你的宇宙就是有序的：你能找到任何东西，即使你双眼紧闭，它们对你来说触手可及，你的防御措施已经部署好了。

——安东尼·波登（1956—2018），《厨房机密档案》

喊出来！

　　"刀！""在你身后！""热锅！""打开烤箱！""角落！"在繁忙的厨房中，必须通过喊来交流，一句礼貌的"打扰了"是不够的。未能有效沟通可能会导致他人被烧伤、割伤、绊倒，或将携带的物品掉落。

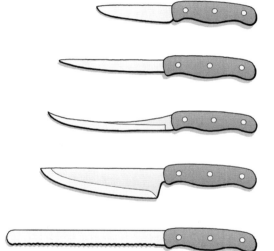

削皮刀： 2~4 英寸 [1] 的刀片，用于切水果和蔬菜。

剔骨刀： 5~7 英寸的硬刀片，用于剔肉。

片鱼刀： 5~8 英寸的柔韧刀片，有直的，也有弯的，用于切鱼片。

法式（厨师用）刀： 8~14 英寸的刀片，用于切碎、切片、切块，是多功能刀。

锯齿状切片刀： 12~14 英寸的锯齿状刀片，通常用于切面包，也用于切西红柿和菠萝。

1　1 英寸 = 2.54 厘米。——编者注

五把刀可以完成 95% 的工作

　　厨师在不同工作中必须使用适合自己的刀具。与其买更多、便宜的刀，不如买更少、质量更好的刀，因为它们用起来不那么费力，也不太容易打滑和断裂。

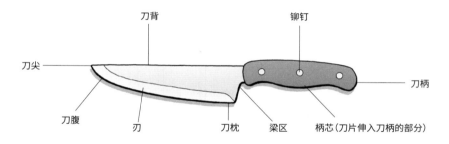

刀背

铆钉

刀尖

刀柄

刀腹

刀

刀枕

梁区

柄芯（刀片伸入刀柄的部分）

刀的拆解

　　刀片通常由冲压或锻造的金属制成。冲压刀片是用模板切割一块扁平的金属而制成的，锻刀是用极高的温度淬炼钢材而制成的。冲压刀更轻，价格更低，但缺乏锻刀的质量和平衡，也不能保持锋利。

　　碳钢刀片：碳和铁的混合物，常用于厨师刀，因为它很容易磨快，尽管它也容易与酸性食物反应，导致变色。

　　不锈钢刀片：厨房中最常见的材料。它不会腐蚀或变色，比碳钢刀片使用时间更长，但不能保持锋利。

　　高碳不锈钢刀片：许多厨师喜欢它，因为它不会腐蚀或变色，并且易于磨快。

　　陶瓷刀片：由氧化锆粉末烧制而成，硬度仅次于钻石。它非常锋利、防锈，易于维护和清洁，不与酸性物质起反应，但比其他刀更易碎裂。

对

错

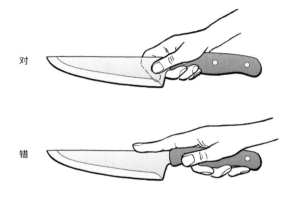

握刀

　　要正确握住厨师刀，请将拇指放在刀片和刀柄的连接处，让中指、无名指和小指自然地抓住另一边的刀柄。将食指放在刀片的侧面，靠近刀柄。以这种方式握刀将给你最大的控制力，从而将手腕的压力降到最小——这是在厨房工作一整天时需要考虑的关键问题。

　　千万不要将食指放在刀片上，要顺着刀片下垂。虽然这看起来有助于稳定刀具，但实际上会增加摇摆。这样握刀更累，也不能保持平稳度和准确性。

长条

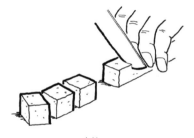

方块

将食物切成 2½ 英寸或更小

厨师必须掌握的**基本切法**如下:

切成方块:适用于胡萝卜、芹菜、洋葱和土豆等根茎类蔬菜,用于汤、烩菜、高汤和配菜。

> **细丁 / 小方块**: 1/8 英寸 ×1/8 英寸 ×1/8 英寸
>
> **中丁 / 中等方块**: 1/4 英寸 ×1/4 英寸 ×1/4 英寸
>
> **大丁 / 大方块**: 1/2 英寸 × 1/2 英寸 × 1/2 英寸

切成长条:细长的火柴棍状长条,横截面大致为正方形,通常用于蔬菜、肉类和鱼类的炒和爆炒。

> **切细丝**: 1/16 英寸 ×1/16 英寸 × 2½ 英寸长
>
> **切丝**: 1/8 英寸 ×1/8 英寸 ×2½ 英寸长
>
> **中条**: 1/4 英寸 × 1/4 英寸 ×2½ 英寸长

切的长度通常不会超过 2½ 英寸,因为它们很难被放进嘴里。

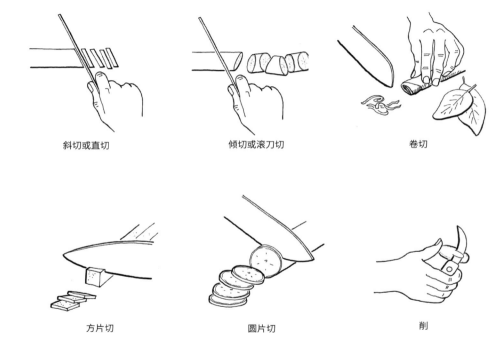

斜切或直切 倾切或滚刀切 卷切

方片切 圆片切 削

专业切法

斜切或直切：一种对角线切法，通常用于将细长的蔬菜切片，因为切面越大，烹饪速度越快。

倾切或滚刀切：两头斜切，食物在每个切口有一个转弯，形成不规则的"V"形，适合做蔬菜高汤和焙烧蔬菜，因为它能最大限度地扩大表面积。

卷切：多叶香草和绿色蔬菜一般会这样切丝。先将叶子堆叠起来，卷成圆柱体，然后切成丝。

方片切：这种切法的截面为正方形，约 1/2 英寸 ×1/2 英寸 ×1/8 英寸厚，这种切法最常用作装饰物。

圆片切：将蔬菜或水果切成扁平圆形片，主要用于汤、沙拉和配菜。

削：这种切法是把土豆、胡萝卜和其他根茎类蔬菜切成足球形或圆柱形，一般标准为 1½ 英寸长 ×1/2 英寸宽，有 7 个切面，末端是钝的。

大肠杆菌

温度谱

°C

–18	冷冻箱
4	冰箱
5~57	食品危险区，细菌数量可以在 20 分钟内翻倍
32	大多数脂肪开始融化
43	手在水中短时间可承受的最大值
49	家用热水器的标准设置
60~74	肉类的一般最低安全食用范围
63~77	慢炖锅"保温"设置
71~82	适合炖的水温
74	馅料、砂锅菜、剩菜的安全内部温度
77	用于消毒的最低水温
82	商用洗碗机漂清周期的水温
85~96	煨的水温
100	水在海平面沸腾，变成蒸汽
116	杀死大部分处于休眠状态的微生物细胞
121~177	使大多数食物褐变的食物表面温度
177~191	适合炸的油温
177~271	大多数食用油的烟点范围
181	大多数食物开始燃烧的食物表面温度
329~427	商用比萨烤箱

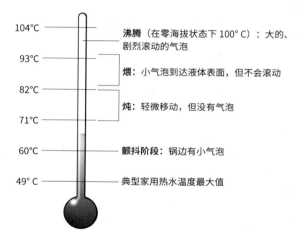

沸腾（在零海拔状态下 100° C）：大的、剧烈滚动的气泡

煨：小气泡到达液体表面，但不会滚动

炖：轻微移动，但没有气泡

颤抖阶段：锅边有小气泡

典型家用热水温度最大值

104°C

93°C

82°C

71°C

60°C

49° C

如何烧水

1. 在一个大小适中的罐子里装大量的水，宁多不少。煮之前最好加冷水，能帮助大米、鸡蛋和根茎类蔬菜煮得更均匀。

2. 将锅放在炉子上，盖上盖子。节能起见，不要使用燃烧器或火焰比锅大的加热设备。

3. 沸腾后加盐，防止腐蚀铝锅和铸铁锅，但要在加入食物之前，以帮助它溶解和渗透食物。意大利面、土豆和蔬菜的水可以咸一点，因为只有一部分水会被食物吸收，大部分会被倒掉。但要注意，在煮大米、豆类和谷物时，加盐要保守一些，因为大部分或全部水会被食物吸收。

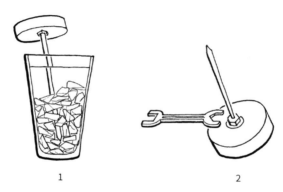

1

2

如何校准机械温度计

电子温度计在许多用途中都是首选，但传统温度计在厨房中仍然很受重视。温度计应该至少每周校准一次，或者在插入的时候重新校准。校准时需要：

1. 在玻璃杯里倒入碎冰，加入冷水，并充分搅拌。插入温度计时，不要让它接触到玻璃杯的侧面或底部。

2. 当标度盘停止移动时（通常约 30 秒），转动校准螺母，使指针精确指向 0°C。

3. 将温度计在冰水中静置 30 秒，验证其是否仍指向 0°C，并根据需要进行调整。

或者，你可以使用开水，调整温度计读数，使其与你所在海拔的沸点相匹配。

随机假设：大众的偏好是外脆里嫩。

在原始状态下，我们是猎人和采集者，根据自然冲动行事，寻求、参与、征服和享受。大自然为我们渴望的许多食物提供了抵抗我们欲望的障碍：坚果的外壳、水果的皮、兽皮。这些障碍增加了我们在自然界生存的难度，但最终会增加我们的快乐。

在否定和奖励中，食物也重新创造了我们的文明。无论是烤面包、轻煎蔬菜、煎牛排，还是将奶油布丁表面焦糖化，我们都在回溯和提升我们原始的烹饪欲望。

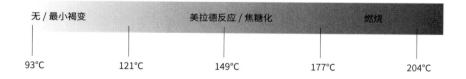

无 / 最小褐变　　　　　美拉德反应 / 焦糖化　　　　　燃烧

93°C　　　　　121°C　　　　　149°C　　　　　177°C　　　　　204°C

食物表面的近似温度

让食物褐变吧

当食物的表面温度为 121℃ ~177℃时，会发生两种不同但相关的褐变反应。在含有天然糖和某些氨基酸的食物中，如肉类或面包，会发生美拉德反应。水果和蔬菜中含有天然糖，但没有关键的氨基酸，会发生焦糖化。

人们经常很难区分这两种反应，但在实践中，其实并不用特别在意。它们都褐变了，无论是轻煎、炒、炸、焙烧、烧烤、炙烤、铁扒还是烘烤，无论食物是淀粉类、蛋白质类还是绿色蔬菜，褐变都会最大限度地增加风味，使外表酥脆，并保持内部的嫩滑。

起泡 / 焦化、轻煎、爆炒，做浓
汤或酱

煎

炸

油位

在 177°C ~191°C下炸

起泡／焦化／轻煎：使用少量的油，油温极高（218°C及以上），每面加热 1~2 分钟，在不移动食物的情况下使食物表面轻度发焦。这可以作为将食物转为煨或焖之前的准备过程，也可以作为主要烹饪完成后的收尾过程。

爆炒：用高温（204°C ~218°C）和少许油快速烹饪肉类和蔬菜。

炒：将食物放在中等热度（135°C ~177°C）的油锅中煎至棕色，然后通过加水、盖锅盖和降温来煨。

煎：用 1/8 到 1/2 的油，使食物被淹没不超过一半，并且要用中高温到高温（177°C ~204°C）。

炸：将食物完全浸入 177°C ~191°C的油中。油温越高，食物越有被烧焦的危险，但油温较低无法获得清爽、轻盈的外观。单次油炸物不宜过多，以便更好地保持油温。另外，要清除食物残渣，避免降低烟点。

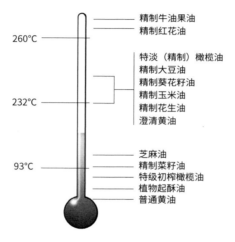

260°C	精制牛油果油
	精制红花油
232°C	特淡（精制）橄榄油 精制大豆油 精制葵花籽油 精制玉米油 精制花生油 澄清黄油
93°C	芝麻油 精制菜籽油 特级初榨橄榄油 植物起酥油 普通黄油

烟点（近似值）

用锅的规则

1. 在起泡 / 焦化、轻煎、爆炒或炒菜时，要在加油之前先加热锅。如果太早放油，油中的化学键就会过早分解，从而失去润滑作用。煎和炸是例外，因为煎和炸时油量更大。

2. 锅热后再加油。使用烟点至少比预期锅温高 14℃的油。油开始分解和燃烧时就是烟点。要特别注意，如果使用黄油或特级初榨橄榄油，要特别注意火焰，它们的烟点非常低。

3. 如果在你添加食物之前，油冒烟或变色了，说明它太热了。这时候你需要倒掉油，清洗锅，然后重新开始。否则，油会释放致癌物，并可能达到燃点。

4. 使用干燥、处于室温的食物。

5. 永远不要在锅里放满食物。

6. 为了尽量避免蛋白质（肉、蛋、鱼）粘锅，不要过早翻转。蛋白质会因热量凝结而变得令人满意，这时候，味道往往会从锅中自然释放出来。

爆炒是一种使用炒锅炒的方式

跳一跳

锅必须足够热，才能使锅里的食物跳跃或爆裂。一个成功的炒菜有以下要点：

- 事前要准备充分，因为在正确的时间做正确的事很关键。
- 确保所有食物都是干的。
- 用一个涂了少量油的大锅。食材摆放过多会导致拥挤，使食物与热源的接触减少，并导致不必要的水分积聚，防止褐变。
- 在没有油的情况下加热锅，直到几滴水在锅中发出嘶嘶声。
- 在锅中放入少量油，继续加热。可以试试把一小片洋葱扔进去，你就知道锅是否足够热了。如果它跳起来，就准备好了。
- 添加食物并保持快速翻转。胡萝卜等根茎类蔬菜耗时最长，可提早放入，蘑菇、虾和扇贝可稍后放入，以防止它们变得难嚼。
- 学会翻锅，这样比用锅铲翻动的食物更多，使烹饪更加均匀。

1

2

3

4

22

如何翻锅

1. "摇晃"锅或用木勺轻推食物，以确保食物不会粘在上面。

2. 抬起锅，将远端用力向下倾斜，使食物滑动并远离你。

3. 就在食物滑出之前，迅速抬起远端边缘，引导食物向上，并稍微向后，朝向你轻轻甩，食物会跳起。

4. 将锅稍微移离你，让食物落在中间。集中注意力，因为这一步骤完成后，接下去又是一次翻转，但要小心，不要把锅从热源上移开太久。

新手应该在冒着受伤或浪费食物的危险用热锅之前，先用冷锅和一片烤面包进行练习。

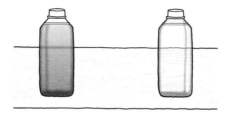

未精制油	精制油
通过直接压榨食物（如橄榄、花生、核桃）生产	在高温下萃取，通常使用化学物质
可能浑浊或有沉淀物	外观纯正、清晰明亮
保持原来食材的风味，味道、色泽和香气浓郁	加工使其味道和营养都变差
更适合低温烹饪	烟点高于未精制油
最适合用在风味能被充分体现的东西上，例如沙拉酱、酱汁	最适合用于不需要用油调味的菜肴，例如烘焙食品
包括冷榨、榨油机普通压榨和榨油机冷榨	保质期长，但添加的除臭剂可能会掩盖酸败的味道

三种油几乎可以解决所有问题

对于一般的烹饪来说，选择一款不会引起过敏并且烟点合适的油就够了。

菜籽油的烟点为 204℃，适合大多数高温烹饪。它很便宜，而且它的中性味道使它很适合烘焙。

橄榄油是健康的，有很好的、微妙的味道。特级初榨橄榄油的烟点很低，为 160℃~199℃。对一些人来说，用它来烹饪是有风险的。精制橄榄油的味道逊色一些，但它的烟点高达252℃。

精加工油或高级食用油主要用于冷食，比如沙拉和面包。特级初榨橄榄油和核桃油非常受欢迎，其他油虽然可以调和菜品的口味，但使用范围没这么广。浸泡油中添加了大蒜、罗勒或辣椒等来增加风味。

无论你选择哪种油，都要确保它们适合菜单和每道菜的特点。黄油、猪油、植物油和其他油会赋予食物迥然不同的口味。

萨明·诺斯拉特，《盐，脂，酸，热》

　想到法国时，我们会想到黄油。想到意大利或西班牙时，我们会想到橄榄油。想到印度时，我们会想到酥油。如果我想在家里做一些日本风味的东西，我不会用橄榄油，因为……它尝起来永远不是正宗的日本菜。所以，要让食物尝起来有当地的味道，就要从当地的脂肪开始。

——萨明·诺斯拉特

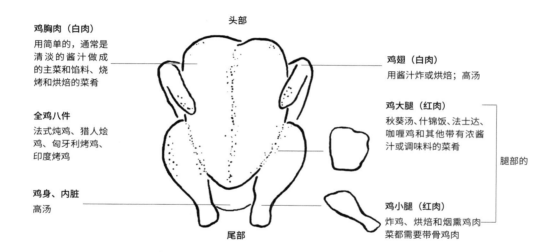

鸡胸肉（白肉）

用简单的，通常是清淡的酱汁做成的主菜和馅料、烧烤和烘焙的菜肴

全鸡八件

法式炖鸡、猎人烩鸡、匈牙利烤鸡、印度烤鸡

鸡身、内脏

高汤

头部

尾部

鸡翅（白肉）

用酱汁炸或烘焙；高汤

鸡大腿（红肉）

秋葵汤、什锦饭、法士达、咖喱鸡和其他带有浓酱汁或调味料的菜肴

腿部的

鸡小腿（红肉）

炸鸡、烘焙和烟熏鸡肉菜都需要带骨鸡肉

整只鸡该怎么处理

买一整只鸡可以提高厨师的烹饪潜力，并且节省开支。肢解鸡需要遵循其自然结构，从而定位骨架和关节。

鸡翅： 将鸡的尾部面对你。大多数操作方法是，在最靠近身体的关节处切下鸡翅。如果需要带骨鸡胸，取下连接胸部的第一根翅骨，并且在中间关节处切断鸡翅。你可以把肉留在鸡翅上或鸡胸上。

鸡腿： 把鸡腿从鸡身上拉开，在腿与胸部的连接处开始切割。刀继续向下，朝向大腿关节，将腿向你弯曲并扭转，直到大腿骨从关节中弹出。接着，沿着胸腔和脊骨，切鸡腿下面和周围的肉。仔细修剪位于脊骨旁边的鸡背肉，这样它就能附着在大腿上。

分离鸡小腿和鸡大腿： 将整条腿连皮的地方朝下放置。晃动腿部，感受它们在关节的连接处，在连接处直接切开。

鸡胸肉： 沿着胸骨的线条，在胸骨双侧切下鸡胸肉，尽量靠近胸腔切割。

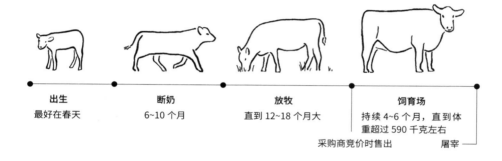

出生
最好在春天

断奶
6~10 个月

放牧
直到 12~18 个月大

饲育场
持续 4~6 个月，直到体
重超过 590 千克左右

采购商竞价时售出　　　　　屠宰

商业牛肉的常见时间表

好牛肉是一个月大的

羔羊、猪和家禽等动物的肉必须在屠宰后的短时间内马上处理，不然就会老化。但是，体型较大且较年长的牛不需要这样处理。它们需要被长时间放置，才能让其体内的天然酶分解其更坚硬的组织。

在**干式熟成**中，牛肉被悬挂起来，暴露在冷藏空气中大约两周到几个月。肉的重量减少了 15%~30%，主要是由于水分蒸发，并产生了更浓郁的味道。干式熟成牛肉被认为是一种优质产品，在超市里很少能买到。

在**湿式熟成**中，牛肉混合牛的身体汁液，在真空包装中放置 5~7 天。最终产品的味道更柔和，比干式熟成牛肉便宜。如果牛肉包装上没有标注熟成方法，那么几乎可以肯定是湿式熟成。

	最低品质 ⬅➡ 最高品质			
等级:	合格级、商用级、可用级、切块级、制罐级	USDA[1] 可选级	USDA 特选级	USDA 极佳级
大理石花纹:	没有	3%~4%	4%~7%	8%~11%
评价:	适用于碎牛肉、肉饼、肉条、罐装肉。	大约 1/3 的分级牛肉。在零售中很受欢迎，但在餐馆里通常是最低价。	一半以上的全分级牛肉。	2% 的高等级牛肉才有的荣誉。在超市里很少见，主要卖给餐馆。

美国农业部质量等级

1　USDA（United States Department of Agriculture），美国农业部。——编者注

27

极佳级并不一定意味着"最好"

　　一块牛肉可以被描述为"极佳级",但只有"USDA 极佳级"的标签才表明它符合最高的行业标准。美国农业部分别对健康和质量进行检查。健康检查是强制性的,并且是公共资助的。质量检查是应牛生产商和肉类包装商的要求进行的,并由他们提供资金。质量等级基于大理石花纹(脂肪的斑点和条纹分布更广 = 更嫩、更多汁、更美味)、颜色和年龄(18~24 个月大的牛被认为是最好的)。

　　高质量的肉往往更适合干热烹饪,小部分会切块进行湿热烹饪。

味道鲜美，但通常需要更长时间的湿热烹饪。

肉质嫩，适合干热烹饪。

臀腿肉　腰脊肉　肋脊肉　肩胛肉

初步分切：整牛肉的基础分割。

西冷
小里脊
西冷　前腰脊

次级分切：初步分切的精细化。

精分制作切：次级分切的精细化后烹饪，如从里脊肉上切下的菲力牛排。

最嫩的部位在中间

　　一个简单的记忆口诀可以让人很容易记住肉块来自动物的哪个部位：round（臀腿肉）来自 rump（臀部），chuck（肩胛肉）来自 shoulder（肩部），两者之间是 loin（腰脊肉）和 rib（肋脊肉）。

　　肩胛肉：约为胴体重量的 28%。味道鲜美，但有许多结缔组织，需要水煮或混合烹饪。不像其他肉质更好的切块那么频繁地用于餐食。在小牛肉和羊肉中，它被称为肩肉；在猪肉中，它被称为梅花肉。

　　肋脊肉：约为胴体重量的 10%。大理石花纹很漂亮，很嫩，适合干热烹饪或混合烹饪。在小牛肉、羊肉和猪肉中，它被称为排肉。

　　腰脊肉：前腰脊肉和后腰脊肉合计占胴体重量的 15%。肉质很嫩，大多数受欢迎且昂贵的切块都来自腰脊肉，非常适合干热烹饪。

　　臀腿肉：占胴体重量的 24%。味道鲜美，结缔组织量适中，最好用于焙烧 / 焖。在小牛肉、羊肉和猪肉中，它被称为后腿肉。

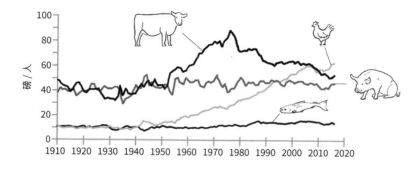

美国人均肉类和鱼类供应量，1910—2016 年
来源：美国农业部

嫩化的四种方法

机械： 烹饪前用木槌敲打。

腌泡： 使用酸性浸泡汁（酪乳、柠檬汁或酸橙汁、番茄汁、醋或酸奶）浸泡 30 分钟至 2 小时，或者用含有嫩化酶的猕猴桃、木瓜、菠萝或亚洲梨泥腌制。为了避免过度糊化，如果肉的边缘开始看起来变灰或煮熟了，就停下来。避免在室温下腌制，烹饪后也不要使用腌料。

腌制： 在一块干肉上彻底涂上粗盐，冷藏 1~4 个小时。盐首先吸收水分，然后蛋白质纤维将咸味汁水收回，制成更嫩、更美味的产品。在烹饪前，把盐洗掉，把肉拍干。

慢烹： 置于慢炖锅、炉灶或烤箱中，在液体中长时间低温烹饪难熟的部位，如牛胸肉、肩胛肉或肩肉。

如果一块煮熟的肉仍然很硬，那么在食用前把它划破或切开。对于食客来说，肉沿着天然纤维线划开后会更容易咀嚼。

1. 用同一只手的拇指触摸不同数量的手指指尖。

   大约：

   一分熟： 使用一只放松的手（不要用其余手指触摸拇指）

   三分熟： 用食指触摸拇指

   五分熟： 用食指与中指触摸拇指

   七分熟： 用食指、中指与无名指触摸拇指

   全熟： 用其余 4 根手指触摸拇指

2. 用另一只手的食指触摸拇指根部的肉质区域，该区域的硬度近似于牛肉从生到熟的硬度。

牛肉熟度的手比对试验

识别牛肉的熟度

　　一个好的厨师可以直观地识别肉的熟度，这是一项重要的技能，特别是在禁止品尝或切食物时。发展这项技能需要反复尝试。牛排内部的熟度如下：

一分熟：非常红、凉爽到微温

三分熟：红色、温

五分熟：粉红色、温热

七分熟：灰褐色、略带粉红色，高温

全熟：灰褐色、烫

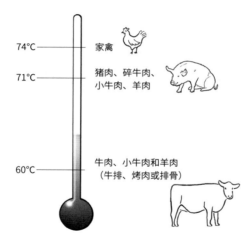

肉类安全食用的最低内部温度

31

停止烹饪后，食物会继续烹饪。

　　食物从热源中取出后，其外部会将热量辐射到厨房的空气中。与此同时，一些食物的热量会更深入地传导到它的内部。因此，食物的内部温度——特别是在厚肉中——可能会上升几分钟。在此期间，肉继续烹饪。

　　当内部温度比安全食用温度低约 3℃时，将肉类从热源中取出，以允许在肉类中进行余热烹饪。将小块肉和中块肉放置 5~10 分钟，大块肉放置 20 分钟，监测内部温度。

部分烹饪

用盐煮或蒸，当颜色变化时，在全熟之前停止。

过凉

将食物放在冰水中快速浸泡，以阻止烹饪。

控干

储存以备日后使用，或冷藏／在室温下食用。

复热

在食用前先煮、炙烤、炒或烧烤。

焯水

完成烹饪

在正式烹饪之前先开始烹饪

在晚餐时间，厨房可能只有 15 分钟的时间来准备开胃菜或主菜——对于大多数食物来说，这是不可能的。部分烹饪可以让食物提前煮熟，迅速冷却，然后储存起来。客人点单后，很快就会完成烹饪。这不仅改善了时间安排，而且产生了许多其他好处：

完成烹饪可以很灵活。 大量的食物，如鸡胸肉，可以在早上就烘焙或蒸，然后烧烤、炙烤或炒成不同的菜。

烹饪方法可以结合使用，以获得最佳效果。 例如，炸薯条可能会先煮半熟，然后油炸，以获得酥脆的外观。

避免剩菜的过度烹饪， 因为人们没有重新加热完全煮熟的食物。

当偏远地区的烹饪设施有限时，**餐饮负担会减轻。**

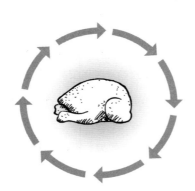

为什么对流烤箱更快

当冰冷的食物被放进烤箱时，它会吸收热量，周围的烤箱空气会冷却。在传统的烤箱中，这种空气只能逐渐被温暖的空气取代。

对流烤箱通过快速流动的空气来工作，从而不断地用理想温度的空气代替食物旁边的冷却空气。其结果是，在比传统烤箱要求的温度低 14°C ~28°C的温度下，对流烤箱烤得更快、更均匀。

所有烤箱门附近的温度都比较低。在对流烤箱中，由于空气持续置换，这种差异也会减少。

超低脂鱼

＜2 克

低脂鱼

2~5 克

中脂鱼

5~10 克

高脂鱼

≥10 克

通常肉色更淡、更薄、味道更温和　　　　　通常肉色更深、更紧实、更有风味

蛤蜊、鳕鱼、螃蟹、**黑线鳕**、龙虾、鲯鳅、扇贝、虾、鳎目鱼、金枪鱼

大比目鱼、贻贝、深海鲈鱼、牡蛎、罗非鱼、粉鲑

竹荚鱼、鲇鱼、**虹鳟鱼**、剑鱼

鲱鱼、鲭鱼、沙丁鱼、大西洋鲑、银鲑、红鲑和帝王鲑

选定鱼类约每 85 克的脂肪含量
（渔场养殖的鱼类可能含有更多的脂肪）

新鲜的鱼闻起来像它来自的水，时间久的鱼闻起来像鱼。

34

新鲜的鱼看起来和闻起来都很干净，有一种甜的、像水一样的气味。它应该没有黏液、割伤或擦伤，鳍应该是柔韧的。选择鱼的时候：

· 用手指划过鱼鳞。如果鱼鳞很容易分离，那就不新鲜了。

· 当你轻轻按压鱼时，应该会有一些紧绷感或阻力。

· 眼睛应清晰、有光泽、干净，头部以下不能凹陷。

· 鳃应该是亮粉色或亮红色，而不是暗红色或灰色。

· 检查是否"破肚"，这是皮肤上的一种暗红色血迹，表明内脏在鱼体内停留的时间过长，导致细菌滋生。

甲壳纲动物

半透明外骨骼

两部分身体：头胸部和腹部
有分节的附属肢体

包括藤壶、螃蟹、小龙虾、龙虾、
虾 / 对虾

软体动物

通常是铰接的，有钙质的外壳

通常身体未分化
肌肉足或触手用于运动

包括蛤蜊、鸟蛤、墨鱼、智利鲍鱼、
贻贝、章鱼和鱿鱼（无壳）、牡蛎、
玉黍螺、扇贝、蜗牛

贝类动物

冷冻虾是最新鲜的虾 [1]

当虾以"新鲜"的形式出售时,几乎可以肯定的是,它们在海上被快速冷冻,然后解冻。然而,盲测显示,大多数消费者更喜欢冷冻海鲜,而不是新鲜海鲜。在美国国家鱼类和野生动物基金会资助的一项广泛研究中,研究人员用鲜鱼和冷冻鱼制作了相同的食物,并通过盲测评估了消费者的偏好。消费者对冷冻鱼的评分在所有类别中都与鲜鱼持平,或优于鲜鱼。科学检验发现,冷冻鱼的细胞结构要健康得多。

---

1 Ecotrust, "A Fresh Look at Frozen Fish: Expanding Market Opportunities for Community Fishermen," July 2017.

5~6 升冷水

未加盐的

2.3 千克骨头

烤过的（棕色高汤）或
未烤过的（白色高汤）

0.45 千克蔬菜

1/2 个洋葱、1/4 棵芹菜和
1/4 个胡萝卜（棕色高汤），
或 1/4 棵韭葱或欧洲萝卜
（白色高汤）

调味品

月桂叶、胡椒、大蒜和欧芹

高汤原料

不要煮沸或给高汤加盐

　　每次储存食物时，都要制订一个计划，最大限度地发挥它的潜力。最容易获得的机会是高汤，它可以被用作许多酱汁、汤、烩菜、肉汁和淋面的基础。**白汤**是由未烤过的骨头和蔬菜制成的。**棕色高汤**是从骨头和蔬菜中提取的，这些骨头和蔬菜在烤箱中烤过，以增强风味。

　　蔬菜和鱼类高汤要制作 45 分钟 ~1 小时，家禽高汤要制作 4~8 小时，小牛肉高汤要制作 8~48 小时。不要用任何盐，因为随后再煮浓缩可能会使高汤过咸。相反，在高汤中制备最终产品时要加盐。此外，要避免煮沸，因为这可能会使原料过度分解，使高汤浑浊。要用文火煨，适时撇去浮在顶部的杂质。

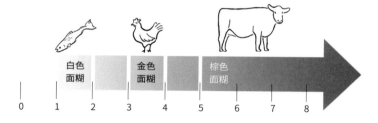

白色
面糊

金色
面糊

棕色
面糊

0 1 2 3 4 5 6 7 8

面糊（用于加浓羹汤等）的烹饪时间，以分钟为单位

如何使高汤、汤或酱汁变稠

浓缩：取下锅盖，用文火煨，直至所需的稠度。这是许多厨师的首选方法，因为它能增强菜肴的本来风味。

面糊：在炖锅中加热黄油或其他脂肪。慢慢加入等量的面粉，不断搅拌成糊状。面糊加热的时间越长，颜色越深，味道越好，尽管它的增稠能力越弱。

淀粉浆：将粉状产品与冷水或高汤混合，直到光滑，然后慢慢加入酱汁中。玉米或马铃薯淀粉适合制作乳制品，但不适合制作酸性（如番茄）酱汁；无面筋蛋白；并形成一种基本透明的产物。葛根粉和竹芋粉很容易冷冻，适合做酸性酱汁。小麦粉的用途相当广泛，但会使清汤或酱汁变得不透明。

蛋黄：适合作为甜点酱汁和奶油调味酱。厨师在制作过程中需要回火（慢慢在鸡蛋中加入热的或温热的酱汁），这样鸡蛋就不会炒煳了。

明胶：对甜味和咸味食物友好。明胶完全无味、晶莹剔透，冷却后会变稠。在某些情况下，它可能会在不改变味道的前提下改变口感。

马里-安托万·卡雷姆（1784—1833）

五种母酱

　　法国古典菜肴的创始人马里-安托万·卡雷姆确定了四种需要大量制作的"母酱"。奥古斯特·埃斯科菲耶后来对这份清单进行了改编，创造了如今厨房中使用的五种母酱。子酱是通过在它们的基础上添加香料、香草或葡萄酒来制作的。

　　贝夏梅尔酱：以牛奶和白色面糊为底料，适合搭配意大利面、鱼和鸡肉。子酱包括奶油蛋黄沙司、奶油调味汁、苏比斯调味汁和芥末酱。

　　白酱：白色高汤／金色面糊，用于鱼类和鸡肉主菜。子酱包括布雷特酱、奥罗拉酱、咖喱酱、蘑菇酱和阿尔布费拉酱。

　　棕酱：以棕色高汤／棕色面糊为底料，适用于烹饪家禽和肉类。子酱包括波尔多酱、罗伯特酱、法式猎人酱和马德拉酱。

　　番茄酱：以番茄为底料，用于意大利面、家禽和肉类，可以用肋骨和肉调味。子酱包括博洛涅塞酱、克里奥尔酱和葡汁。

　　荷兰酱：以澄清黄油、蛋黄和柠檬汁为底料，适用于鸡蛋和蔬菜。子酱包括玛尔泰斯酱、慕斯林酱、榛子酱和吉伦特酱。

奶油生菜

嫩嫩的、甜美的叶子；价格昂贵；适合做沙拉、三明治、生菜卷和垫层

羽衣甘蓝

很健康，但不易嚼；如果生吃，可以切丝

芝麻菜

能长时间保存；味道强烈，适合与浓烈的配菜搭配，如浓烈的调味品和蓝纹奶酪

菠菜

深色的叶子有利于与浅色的绿色蔬菜形成对位，或用于做菠菜沙拉

长叶莴苣

能长时间保存；在凯撒沙拉中很受欢迎；最有可能感染大肠杆菌

卷心莴苣

价格便宜，口感清爽，适合切丝；可能需要搭配其他蔬果才能获得视觉吸引力

生菜

有红色和绿色品种；有好看的褶边；适合做沙拉和三明治

受欢迎的沙拉蔬菜

沙拉蔬菜要撕，不要切。

大多数绿色蔬菜更适合撕。撕会促使蔬菜沿着自然断层线断裂。切会损伤细胞，使蔬菜氧化和褐变。

万无一失的意式风味油醋汁
1 份醋
3~4 份油
1/4 份乳化剂

乳化剂

　　乳化是指通过快速搅拌将两种不相溶的液体结合在一起，形成一种新的液体，如油和醋的沙拉酱。但只要静置几分钟，混合物就会分离。这个问题可以通过添加乳化剂来解决，比如蛋黄、蛋黄酱、酸奶、碎坚果、芥末或水果泥，它们的分子对水和脂肪都很友好。

餐桌用盐

· 高度精炼
· 添加剂可能带来金属味
· 细颗粒有助于测量一致性，有助于烘焙

犹太盐

· 本身不是犹太食品，但用于
  制作洁食肉类
· 无添加剂
· 颗粒大小不一
· 粗糙；易于捏和撒

海盐

· 从海水中蒸发
· 味道最浓
· 价格昂贵
· 粗粒或细粒
· 灰色、粉色、棕色和黑色可选

岩盐

· 未精制的大晶体
· 浅灰色
· 不适合食用，但常用于展示贝类

常见的厨房用盐

盐：什么时候加，什么时候不加?

用盐使肉变嫩时，一定要在烹饪前 1~4 个小时开始。

焯水时，在部分烹饪时加盐，而不是等到出品再次加热时。

在烹饪过程中尽早加盐。盐可以增强和混合其他口味，尽早加盐可以为你提供评估和调整的最佳机会。

在铝锅或铸铁锅中烧水时，应在开始沸腾后加盐，但要在加入食物之前，以防止锅的材料被盐腐蚀。

炸前不要立即加盐，因为盐不会附着在食物上，而且会在炸的过程中流失。

制作高汤时不要加盐，因为再煮浓缩可能会使它过咸。在腌制酱汁时也要同样谨慎，因为酱汁在上菜前会减少。

烘焙时，不要吝啬盐。在烘焙中，盐不仅是为了味道，它可以提升口感。

41

1. 在一个大炖锅中用中火融化黄油。黄油中的水分会蒸发，牛奶固体会沉到底部。

2. 将澄清的部分滤入另一个容器中，并丢弃牛奶固体。一磅 [1] 普通黄油可以产生大约 12 盎司 [2] 的液体澄清黄油。

澄清黄油

---

[1] 1 磅 ≈ 454 克。——编者注

[2] 1 盎司 ≈ 28 克。——编者注

无盐黄油放厨房，含盐黄油放餐厅。

烹饪和烘焙时使用无盐黄油。一块含盐黄油中加入 1/3 茶匙盐和额外的水会改变配方的平衡。然而，含盐黄油的保质期更长，约为 12 周，而无盐黄油的保质期为 8 周。

将黄油澄清，使其更有黄油味。黄油含有大约 80% 的脂肪。从无盐黄油中去除水分和牛奶固体，会得到 100% 乳脂的产品。该产品味道更好，使用寿命更长，烟点比普通黄油高 56℃。在中东和印度烹饪中，澄清黄油略呈微棕色，产生一种深色的坚果味。

在酱汁里加黄油。使用涂黄油的技巧，在上菜前将一块冷的无盐黄油轻轻搅拌进酱汁中。当它融化时，脂肪滴会与酱汁中的液体乳化，使其具有天鹅绒般的质地和丰富的光泽。

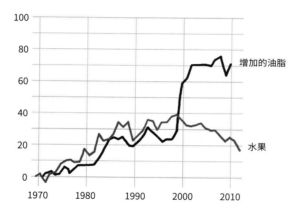

增加的油脂

水果

美国成年人每日平均卡路里变化百分比
来源：美国农业部

脂肪和胆固醇不是敌人

近几十年来，肥胖、2 型糖尿病和其他与饮食有关的健康问题的增加往往被归咎于红肉、鸡蛋和黄油等食物中的脂肪和胆固醇。但研究表明，天然的高脂肪食物并不一定会让人变胖；事实上，与低脂肪饮食的人相比，高脂肪饮食的人总体摄入的热量往往更少。更重要的减肥变量似乎是蛋白质：摄入更多蛋白质自然会减少总热量消耗。

食物中的胆固醇也不一定有害。例如，鸡蛋中的胆固醇不会提高健康人血液中的胆固醇水平。

研究人员现在认为，与饮食相关的健康流行病主要是由于食用包装食品。这些食品通常含有防腐剂、人工香料、反式脂肪、糖和玉米糖浆。标榜"低脂"的食品通常含有更多的此类添加剂，以弥补其较少的固有风味。

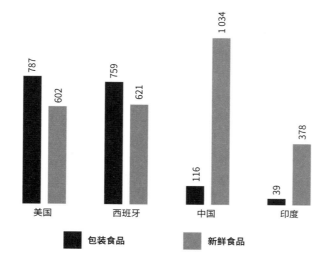

新鲜食品和包装食品的人均年消费量，单位为磅
来源：欧睿国际和美国农业部经济研究服务中心

每次你吃喝的时候，你要么是在喂养疾病，要么是在与疾病做斗争。

——希瑟·摩根，营养学家

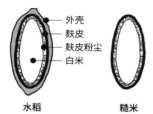

水稻	糙米	白米	强化白米
（未加工的）	（去除外壳的）	（去除麸皮的）	

外壳
麸皮
麸皮粉尘
白米

	可利用营养素百分比		与糙米相比可获得的大致营养素
硫胺素（B1）	100%	13%	106%
镁	100%	22%	22%
烟酸（B3）	100%	25%	65%
维生素 B6	100%	34%	34%
叶酸	100%	35%	1 683%
纤维	100%	36%	36%
钾	100%	46%	46%
核黄素（B2）	100%	52%	52%
铁	100%	62%	334%
蛋白质	100%	95%	95%

米饭：较短 = 较黏。

水稻是一种草的种子，所有的大米都是从糙米开始的。糙米是一整粒大米，只去掉了外壳。它有一种坚果般的浓郁味道。**白米的类型**包括：

长粒（印度）米：结实蓬松。煮熟后会分离，适合做抓饭、炒饭和蒸饭，但不适合做意大利烩饭。其品种包括：

· **印度香米**：极其芳香，生长在喜马拉雅山麓，在印度和中东菜系中很受欢迎。

· **卡罗来纳州或南部大米**：不芳香，是美国最常见的大米。

· **泰国茉莉香米**：芳香，用于手抓饭和亚洲风格的炒饭。

短粒和中粒（粳稻）米：淀粉质，嫩而黏稠，适合做意大利烩饭、寿司和海鲜饭。其品种包括：

· **意大利圆粒米**：一种圆形、中等大小的谷物，味道温和，主要用于意大利烩饭。

· **加州大米**：又短又肥，在美国常用于寿司。

严格来说，**野生稻**不是水稻家族的一员，但和其他水稻一样，它也是一种草的种子。它是深棕色或黑色的，有泥土的香气和味道。其烹饪所需时间是大多数白米的三倍。

淀粉含量高

低水分 / 蓬松

褐土豆
爱达荷土豆
淘金热土豆
加利福尼亚长白土豆

最适合烘焙、烘烤、捣碎、油炸、汤汁增稠

育空黄金土豆
黄色芬兰人土豆
秘鲁蓝土豆
上等土豆
肯纳贝克土豆

适用于各种情况

新土豆
红皮土豆
圆土豆
黄土豆

最适合做土豆沙拉、汤、砂锅菜

淀粉含量低

高水分 / 蜡质

土豆：淀粉越多＝越松软；淀粉越少＝形状越好。

如果你正在做烩菜、土豆沙拉或焗土豆，想要保持形状，选择**低淀粉土豆**，因为其天然的高水分含量使其在湿热烹饪过程中不会吸收过多的水分，从而能够保持形状。低淀粉土豆通常又小又圆，为蜡质表皮。

如果你在烘焙、捣碎或炸，想要蓬松，这时最好使用**高淀粉土豆**。它们不适合湿热烹饪，因为它们会吸收大量水分，从而失去形状。然而，这使它们成为一种很好的汤汁稠剂。

通用型土豆的淀粉含量中等，适用于各种情况，尽管它在任何事情上都不太突出。**新土豆**是任何类型土豆的早期或新鲜收获的土豆，里面的糖尚未完全转化为淀粉。一般来说，它们的表现就像蜡质土豆。

	牛	山羊	绵羊	水牛
较柔软 茅屋奶酪	P	-	-	-
里科塔奶酪	P	P	P	P
布里奶酪	P	-	-	-
卡芒贝尔奶酪	P	-	-	-
芳蒂娜奶酪	P	-	-	-
马苏里拉奶酪	s	s	s	P
波尔萨鲁奶酪	P	-	-	-
切达奶酪	P	-	-	-
瑞士奶酪	P	-	-	-
帕玛森奶酪	P	-	-	-
较硬 佩科里诺罗马诺奶酪	-	-	P	-

P = 主要来源   s = 次要来源

奶酪：越年轻，越柔软; 越柔软，越易化。

奶酪是通过在牛奶中添加酸或皱胃酶（某些哺乳动物胃中的一种酶），使其凝固而制成的。大多数奶酪的陈化（熟成）时间为几周到一年，而新鲜或未成熟的奶酪，如奶油和茅屋奶酪，则不需要熟成。奶酪陈化的时间越长，就越硬、越干、越美味，也就越不容易融化。最硬的奶酪，如罗马诺奶酪和帕玛森奶酪，只有在小块碎屑时会融化。奶酪的品质也受奶源的影响：

奶牛：产量最高的生产者。大颗粒脂肪球对一些人来说很难消化。

山羊：小批量生产者。它的味道最浓，比奶牛奶酪更酸，分子结构接近母乳，易于消化。

绵羊：蛋白质含量几乎是牛和山羊的两倍。高脂肪含量使其成为优质的奶酪来源，比山羊奶酪味道更中性。

水牛：产量与山羊奶酪相似，带有甜味。

更有弹性
（更适合做面包）

蛋白质含量　　　　**面粉类型**

12%~16%　　**面包和高筋面粉：** 来自硬小麦。用于面包、比萨面团、百吉饼和其他有嚼劲的产品。在烤箱里可以很好地褐变。

10%~12%　　**全麦面粉：** 使用整颗小麦粒，富含纤维和营养素。吸收 / 需要更多水分，非常易腐。

9%~12%　　**白 / 通用面粉：** 由硬小麦和软小麦混合而成。不含麸皮和胚芽。

8%~11%　　**自发粉：** 添加了盐和发酵粉的通用面粉。不适合制作酵母面包。

8%~10%　　**糕点粉：** 用软小麦精细研磨而成，用这个制成片状和柔软的面团，非常适合做馅饼皮。DIY 面粉：通常使用 1/3 的通用面粉和 2/3 的蛋糕粉。

5%~8%　　**蛋糕粉：** 经过精细研磨的软面粉，做出的点心底部细腻。除了做蛋糕，也适合做饼干、松饼和烤饼。

更少弹性
（更适合做蛋糕）

面包需要有嚼劲的面粉，蛋糕需要绵软的面粉。

　　小麦粉中的蛋白质含量决定了面筋的含量和由此产生的弹性。硬红小麦生产的面粉蛋白质和面筋含量高，而软红小麦生产的面粉面筋含量较低。面包和比萨面团需要大量有弹性的面筋来吸收酵母气体，使成品具有理想的嚼劲和气孔。做蛋糕时，低筋面粉会产生更细软、更轻巧的质感，嚼劲也最小。

　　从硬粒小麦中提取的粗粒小麦粉是面筋／蛋白质规则的例外，因为它富含蛋白质，但弹性不强。它是制作意大利面和古斯米的理想选择。

一杯
通用面粉

±4.87 盎司
±138 克

一杯
过筛的通用面粉（先过
筛，再测量面粉）

±4.87 盎司
±138 克

一杯
通用面粉要过筛（先
测量面粉，再过筛）

±4.48 盎司
±127 克

筛过的面粉 ≠ 面粉要过筛

称重是最准确的计量方式

在烘焙过程中，轻微的偏差会导致严重的失败。每杯面粉的重量可以相差 1 盎司。用错面粉或用太多合适的面粉会使面团变得又硬又干，而用得太少则会使面团塌陷。

测面粉重量时，不要将量杯直接放入面粉袋中，因为这样会使面粉变紧实，最终可能会比预期的多出 20%。最好用一个小勺子，轻轻地把几勺面粉拨进一个量杯，盛满，用刀刮平。然而，即使使用这种方法，也会产生不一样的结果。最可靠的方法是称重。

测鸡蛋的重量也很有挑战性。美国农业部根据一打鸡蛋的重量来确定鸡蛋的大小，而不是每个鸡蛋的重量或大小。一打大鸡蛋（大多数食谱中假定的大小）必须重 24 盎司，但其中的单个可能会有很大的差异。打鸡蛋之前，最好对照 2 盎司的平均值调整鸡蛋的用量。

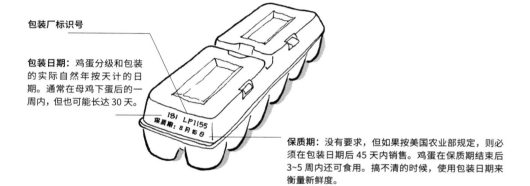

49

包装厂标识号

包装日期： 鸡蛋分级和包装的实际自然年按天计的日期。通常在母鸡下蛋后的一周内，但也可能长达 30 天。

保质期：8 月 15 日

181 LP1155

保质期： 没有要求，但如果按美国农业部规定，则必须在包装日期后 45 天内销售。鸡蛋在保质期结束后 3~5 周内还可食用。搞不清的时候，使用包装日期来衡量新鲜度。

鸡蛋的选择

鸡蛋越新鲜，蛋黄越美味，颜色越鲜艳，蛋清也越能保持形状。

在咸味烹饪中，鸡蛋的质地和味道往往是最重要的，而在烘焙中，鸡蛋的天然黏性有助于它与其他成分结合。鸡蛋的新鲜度还有助于保障成品远离潜在的有害细菌，尤其是在鸡蛋可能没有被充分加热的甜点中，如英式奶黄酱、奶油乳酪和慕斯。

鸡的饮食也会影响鸡蛋的味道和品质。散养鸡蛋比普通玉米粉喂养鸡的鸡蛋更鲜亮、更好吃。

美味的定义

气味：一个人对食物的个人体验，从鼻子的感觉受体传递到大脑。常见的描述词包括：青草味（青椒）、水果味（香蕉、苹果）、黄油味（奶酪）以及木质 / 烟熏味（肉桂、培根）。

风味：食物的固有特征，通过味觉、触觉和嗅觉的结合来体验。

风味曲线：品尝食物时所体验到的口味，由各种质地和综合感受呈现，如强度、特征、复杂性、对比度、调味、注意到的风味层次的顺序、回味和总体印象。

口感：食物在口腔中的物理感觉，不包括味道，但受其影响，也反过来影响它。可包括质地、嚼劲、感觉（如轻盈、天鹅绒般）、密度、颗粒、湿度、口腔黏度和均匀性。

味觉：个人识别、辨别和欣赏风味、气味和质地的细微变化的能力和熟练度。

口味：个人对味道的亲身体验，从舌头上的感觉受体（味蕾）传递到大脑的感觉。

口味类别：甜、酸、咸、苦和鲜。

51

1. 在锅里加入一些高汤、水或葡萄酒，锅里有烹饪后剩下的"美味"（一些轻微焦底的食物，在西餐中也叫褐化）。

2. 用木勺轻轻地舀出食物。

3. 加热，直到液体减少到所需的稠度，成品作为美味的酱汁食用。

洗锅收汁法

把注意力集中到风味上

对位：用甜的、凉的或奶油味的食物来对位辛辣的食物，比如芒果莎莎酱配辣鸡肉，或者冷酸奶油配美国得克萨斯州报警辣椒牛肉。尝试用酥脆搭配奶油味，酸味搭配烟熏味，酸味搭配脂肪。

加深：翻炒后，通过煮沸或蒸发的方式收汁，或者利用洗锅收汁法使菜肴的味道更浓郁。

强化：芝麻和松子等食物可以在加入主菜之前用平底锅炙烤，以增强味道。在研磨香料之前，也可以先烤一烤，比如孜然。

去酸：如果一道菜太酸，加盐可能会"分散"舌头的注意力，让它去寻找更甜的味道。

调和：为了防止味道很浓的食物抢味，如意大利烩饭中的海鲜，可以将其分开进行部分烹饪，稍后再加入。

增味：酸能激活唾液腺，增强味觉。如果一道菜太柔和，试着在结束时加一点醋或柑橘。

52

柔和的

新鲜时的名字　　　　　**干燥后的名字**

甜椒或番茄椒　　　　　　　　红辣椒

波布拉诺辣椒　　　　穆拉托辣椒（未成熟）
　　　　　　　　　　安丘辣椒（先催熟）

其卡拉辣椒　　　　　　　　帕西拉辣椒

米拉索尔辣椒　　　　　　　瓜希柳辣椒

墨西哥辣椒　　　　　奇波雷辣椒（烟熏）

辛辣的

辣椒晒干后，名字往往会改变

干燥会增强风味

　　新鲜香草可能含有 80% 的水。干燥后，大多数香草的浓烈度会提高两到三倍，尽管它们会随着时间的推移而失去味道。牛至、鼠尾草、迷迭香和百里香在干燥后往往能保留最多的味道，在长时间烹饪的菜肴中效果最好。一些鲜美的香草，如罗勒、香葱和龙蒿，在干燥后会失去味道，最好在新鲜的时候使用，或者在烹饪结束时添加。

　　一些新鲜的辣椒在干燥的过程中会变辣，但更大的变化在于它们的味道。当食谱要求用新鲜辣椒时，避免用干辣椒代替，除非你确定它们是等效的。

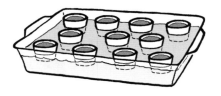

53

隔水炖煮

管理水分

不要让锅内的食物挤在一起。 在一般情况下，水温不可能超过 100℃。如果你烹饪湿的食物或让食物挤在锅里，水就会积聚起来，烹饪温度就会降低。尽量烹饪干燥的食物，平底锅的大小和形状可以让食物迅速变热。

使用水浴。 对于芝士蛋糕、蛋奶沙司、布丁和其他易碎的蛋类美食，可将烤盘放在水浴中。烤箱的温度会波动，但水浴烘烤将保持在 100℃，这样可以使烹饪均匀，防止凝固。

让烤箱充满蒸汽。 预热时，将烤盘放在面包烘焙位的下方。把面包放进去时，小心地往烤盘里面倒一杯水。蒸汽会使面粉中的糖分覆盖到面包表面，焦糖化后，形成酥脆的面包皮。

让你的蔬菜渗出水分。 为了防止洋葱、胡萝卜和芹菜等水分大的蔬菜使菜肴过湿，首先在有一点油的锅中轻烧约 5 分钟，不要让它们褐变。这些蔬菜会以蒸汽的形式释放大部分水分。

菜单类型

静态：长时间每天提供相同的菜肴，常见于连锁店和快餐店。菜单可以与每日特色菜相结合，并可能随季节变化。

循环：每天更换（周一菜单、周二菜单等），每周重复，常见于机构（学校、医院、监狱等）。

市场：菜单制定基于餐厅目前可购买的每日食材，表明餐厅大量使用新鲜产品，并顺应季节变化。

从农场到餐桌：菜单专注于新鲜、本地 / 本区域（通常不超过 100 英里[1]）、可持续，且通常使用有机食材，可以根据可获得的食物每天更换菜单。

点菜：每种商品单独定价和订购。在半单点菜单中，一些主菜配有沙拉或配菜。

固定价格：以固定价格提供一定数量的菜单，且菜单的选择有限。一些餐馆在周一改为低价套餐，以吸引顾客并重新利用剩菜。还有些餐厅在繁忙的节日，如母亲节，使用固定价格菜单，以简化厨房操作。

55

---

[1] 1 英里 ≈ 1.6 千米。——编者注

☐ 菜肴名称

☐ 总量、单份大小和总份数

☐ 配料表、每种配料的确切用量

☐ 特殊设备（如有）

☐ 特殊的餐前准备程序

☐ 循序渐进的指导，包括准备时间、烹饪时间和温度

☐ 摆盘：盘子类型、每盘分量、配菜、如何装盘、装饰物等

☐ 推荐的葡萄酒搭配

☐ 剩菜的储存和再利用

食谱检查表

如果写食谱太难了，就不要把它放在菜单上。

　　在写一道新菜的食谱时，包括配料、设备、方法、温度、时间、总量、装饰物、摆盘、展示、葡萄酒推荐，以及剩菜的储存和再利用。在将新食谱列入菜单之前，请与供应商核实所有食材的质量和价格，并确认它们在菜单持续时间内的可用性。正确的配料可能是这些因素的折中。

　　确保厨师能够按照新的食谱操作。验证质量的一致性，与所有参与餐饮服务的人员分享菜肴，并征求反馈意见。

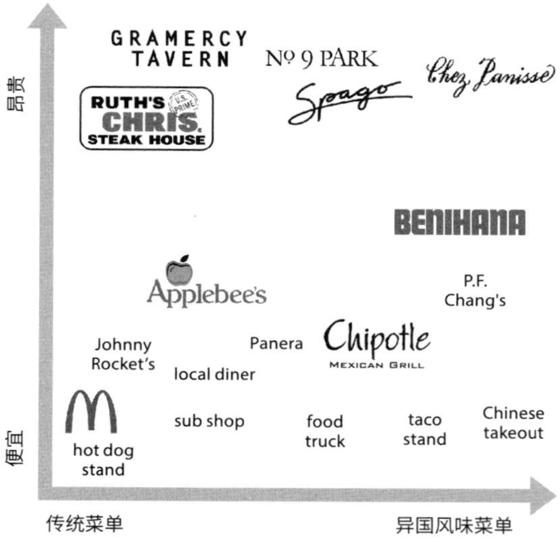

56

纵轴: 昂贵 ↑ / 便宜 ↓
横轴: 传统菜单 → 异国风味菜单

GRAMERCY TAVERN
Nº 9 PARK
Chez Panisse
Spago
RUTH'S CHRIS STEAK HOUSE

BENIHANA

Applebee's
P.F. Chang's

Johnny Rocket's
Panera
Chipotle MEXICAN GRILL
local diner

hot dog stand
sub shop
food truck
taco stand
Chinese takeout

记住客人进门的原因

客人寻求的不仅是满足他们的食欲，而且是更多的用餐体验：舒适、声望、价值、放松、艺术性、社交乐趣，或者只是一个观看比赛的好地方。

明确顾客为什么选择你的餐厅。优先考虑他们最需要的东西。如果他们是为了追求性价比而来的，那么就在盘子里给人一种丰盛的印象，不要等客人问就重新装满水杯、咖啡杯和面包篮。如果他们追求艺术性，那就在摆盘方面先人一步。如果他们想要一种家庭氛围，那就在菜单上多准备一些适合孩子的食物，并且可以从容应对接踵而至的各种麻烦。

在提供餐饮服务时，餐厅同样要以客人为中心。一定要了解场合、正式 / 非正式程度、聚会地点和客人的大致年龄范围。然而，在任何情况下，餐厅都要警惕突发状况。与其为每个人做点什么，不如少做但做好一些事情。

57

快速解决厨房问题

新鲜蔬菜短缺： 冷冻豌豆和罐装玉米是很好的替代，只要不是代替特色菜，代替新鲜蔬菜还是胜任的。

新鲜香草短缺： 在不太明显的地方，如酱汁中，可以使用干燥的香草，并将新鲜香草留作最后收尾和展示。

龙虾在烹饪前就死了： 无论如何都要烹饪。如果肉很硬，闻起来很新鲜，可以用来做龙虾浓汤或蛋奶酥，把虾壳留着做高汤。如果已成糊状，就要丢弃。

制作失败的荷兰酱： 用新鲜的蛋黄重新开始制作，将制作失败的酱汁搅拌进去。

没有酒了： 如果没有白葡萄酒，试着用一种或多种汁替代：苹果汁、白苦艾酒、鸡肉高汤、醋（米醋、苹果醋）、白葡萄汁和稀释的柠檬汁。如果没有红酒，可以试试香醋、红苦艾酒、牛肉高汤、红葡萄汁、红酒醋和苹果醋。

让客人了解情况

如果顾客觉得自己的需求得到了理解和尊重，他们通常会接受错误，并可能把它们视为就餐体验的乐趣之一。

餐厅应该对错误和疏忽持开放态度。如果人手不足，请告知客人，并在客人等待服务时提供充足的面包和水。如果一道菜要晚上，请立即通知客人。如果顾客指出上桌的食物有错误，就要承认错误。除非留下不正确的食物会让人反感，否则不要把它拿走，直到替换的食物送来，因为用餐者可能会因同伴用餐而感到不舒服。

59

提供恰好足够的分量

在高级餐厅里，当分配主菜或甜点时，用你的手（假设它是正常大小的）作为粗略的指南。你的手掌大致相当于盘子里的蛋白质或淀粉的分量，两到三个手指大致相当于蔬菜的分量，比如青豆或芦笋。

分量太大可能会让客人觉得食物很便宜，而且准备得很匆忙。一份恰好足够的食物传达出的关怀和质量高于分量太大的，这样客人也会吃得慢一点，细细品味和享受。同时，一份恰好足够的主食也能给客人提供享用开胃菜、甜点和其他菜单项目的空间。

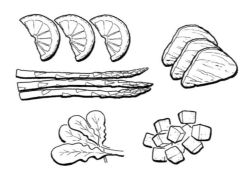

做一名几何学家

因为食物来自自然，人们可能倾向于将其呈现方式随机化，使其看起来"自然"。但是，使用明显几何形状的摆盘几乎总是比不加区分地排列的摆盘看起来更有吸引力。

对位食物的形状、大小和质地，使每种食物都更独特。例如，在爆炒时，试试用火柴棍胡萝卜、洋葱丁、半圆形蘑菇和卷曲的长辣椒片。

精确切割食物。让第五十个方块看起来像第一个。

预测食物在食客的叉子或勺子上会是什么样子。你想在每一叉沙拉上放三样菜吗？每勺汤里有四种颜色？什么比例和大小的食材会产生预期的效果？

在盘子里做大文章。如果不可避免地随机选了盘子，那么统一一些想法来传达意图。长长的绿色蔬菜或整齐排列的蛋白质食物可以改变凌乱的盘子样式。

沙拉可以随意摆放，但不要杂乱无章。有策略地放置收尾食物，如面包丁、圣女果、微型菜苗和碎奶酪，以暗示层次。

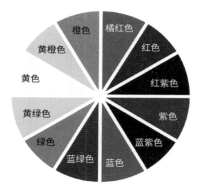

让盘子看起来更漂亮的九种方法

1. **设计留白。** 围绕中心创建一个宽的边界，或者不对称地摆放食物，以吸引眼球。

2. **创造视觉深度。** 将食物摆放在不同的高度，但要确保它们被带到餐厅时保持原位。

3. **铺好基层。** 将特色菜或整个展示放在一层绿色、意大利面或谷物的基层上。

4. **使用白色盘子。** 彩色盘子比大多数（但不是所有）食物显眼。即使选择白色，也要寻找到合适的材质与表面处理的器物去衬托和表现食物，例如，为有机菜单选择不规则的陶器。

5. **改变盘子的形状。** 如果圆形无聊，可以尝试正方形、三角形和椭圆形，注意留白。

6. **使用互补色。** 将色轮上大致相反的颜色组合在一起，以实现视觉平衡。将鲜亮的绿色蔬菜，甚至是芹菜碎，放在深棕色的盘子上，以中和它，让它更有活力。

7. **使用对比鲜明的装饰物。** 原则是不要让它变得多余，装饰物要可以食用。

8. **把酱汁涂上。** 用油酥刷画线，用药滴画点，或者在盘子的留白处涂上一圈颜色。

9. 如果食物的颜色过于平淡或单调，**在盘子周围撒上绿色香草或黑胡椒粉**。

62

五的力量

每道菜五种食材：你可以用更多，但如果你很难做出一道成功的菜，你可能用了太多食材，混合了太多的口味。尽量少用一些食材，这样可以让你买到更好的食材，减少浪费。用最好的食材制作的简单食物几乎总是最好的。

盘子上的五个组成部分：如果一个盘子包含五个以上的组成部分——特色菜、补充菜、配菜、对位菜和装饰物，那么它会显得拥挤和过于雄心勃勃。

每个菜单类别有五种选择：在较好的餐厅，通常最好将菜单类别（如开胃菜、主菜、意大利面）中的选择限制在五种左右。七是最大值；正式研究表明，在大于七的情况下，点单者会拖延和恼火。同样，用餐者可能会对餐厅的出品感到困惑，并质疑它是否能在一个异常广泛的范围内控制质量。

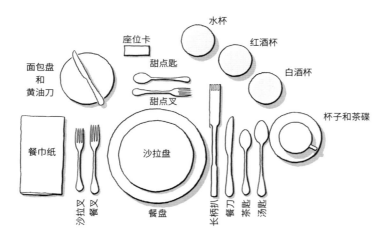

63

水杯

红酒杯

白酒杯

座位卡

甜点匙

甜点叉

面包盘
和
黄油刀

杯子和茶碟

餐巾纸

沙拉盘

沙拉叉

餐叉

餐盘

长柄扒

餐刀

茶匙

汤匙

传统餐桌摆台

视觉上的惊喜会增强情绪反应

　　传统的美国晚餐以蛋白质（肉或鱼）、淀粉、蔬菜和装饰物为特色。现代烹饪遵循了这一标准。厨师为了让食客更缓慢、更深思熟虑地亲近食物，将气味、味道和质地调整到最合适的程度。传统的淀粉被制成浆状，并作为蛋白质食物的基底。蔬菜被摆放在盘子周围，用来装饰其他食物。食物整齐地排列在一个矩形盘子上，使食客有意识地将它们组合在一起。

　　惊喜会引发情感和审美上的反应，但不要毫无目的地挑衅食客。一个"解构三明治"，仅仅是一份沙拉配一片面包，看起来很傻。一个垂直的展示没有传达任何关于食物的重要信息，食客当然不买账，而且会觉得浮夸。最好在创造视觉惊喜前多问一个"为什么"：要对餐厅的主题或环境，以及食物本身的性质和来源有所解释。

64

消费者买的不是你的产品，而是你的理念。

——西蒙·斯涅克

65

为大众提供食物

最大限度地利用自助餐餐厅空间。食客选择自助餐桌时，靠墙壁的位置似乎很有吸引力，因为它可以使社交空间变大，但这会导致自助餐厅严重拥挤，甚至可能造成你争我抢的局面。尽可能让食客从四面八方进入，即使自助餐在房间中央。考虑把冷食、热食、饮料和甜点放在单独的、间隔合适的桌子上。

把便宜的东西放在第一位。在自助餐中，将面包和沙拉放在主菜之前的位置。这与大多数客人用餐的顺序相匹配，也可以防止他们囤积可能吃不完的昂贵食物。

分散食物，以促进混合。对于以小盘子或开胃菜为特色的社交活动，在一个大房间周围间隔摆放小服务台，每个服务台都有不同的食物。这将促进人群流动，增加社交互动。

几道热腾腾的开胃菜可以温暖整个房间。冷食容易做，但尽量提供一两种热食。每一轮热菜被带进房间，都会让客人觉得这是大型活动中的小型活动。

注意面部表情。社交活动会引发焦虑和困惑。客人的面部表情通常会下意识地表达出他们对舒适的需求。

66

为吃素的客人做好准备

　　考虑到素食顾客的需求，在餐食现场要将动物制品与蔬菜分开。不管菜单上出现了什么，都要准备好改变几个菜单项，准备几个素食食谱，并随时准备好备用方案。许多冷冻蔬菜都很美味，包括豌豆、玉米、珍珠洋葱和菠菜。罐装玉米、洋蓟和荸荠也能很好地发挥作用，尤其是当它们与豆腐或米饭混合在一起时。冬南瓜可以保存很长时间，可以随时保存，以备不时之需。

　　如果一道素食看起来乏善可陈，那就用富含鲜味的素食食材来充实它，比如香菇、成熟的番茄、菠菜和优质酱油。

保持洁食

犹太洁食食品要符合犹太教法典《托拉》中规定的犹太饮食教规。一般情况下，以下内容适用：

· **肉类、家禽和鱼类：** 允许食用分蹄和反刍的哺乳动物，包括羚羊、野牛、牛、鹿、山羊和绵羊。24 种禽类被禁止，允许的包括鸡、鸭、鹅和火鸡。鱼必须有鳍和容易被去除的鳞片。贝类是被禁止的。不得食用动物血，禁止食用非洁食动物的副产品，如禁食禽类的蛋。

· **屠宰动物**必须将其痛苦降至最低，并导致其瞬间死亡。被宰杀的动物必须检查身体是否有异常，并切除一些血管、神经和脂肪。

· **动物和乳制品**不能用同一个锅、盘子或器具制作，也不能一起食用。

· **坚果、谷物、水果和蔬菜**是天然的犹太洁食食品，但可能含有昆虫或杀虫剂，或者被不当处理，使其不符合犹太教法典规定的饮食教规。加工和 / 或制备这些食品，以及面包、油、酒和调味品，需要受拉比教义的监督。

68

保持清真

清真的意思是"允许的"。《古兰经》允许穆斯林吃"纯净、洁净、有营养和令人愉悦的食物",并且有以下禁忌:

· 禁吃自死物
· 严禁食用诵非安拉之名而宰杀的动物
· 禁食一些面目可憎而凶恶的动物,以及性恶而形怪的鸟兽
· 禁止食血液[1]
· 严禁吃猪肉
· 禁用致醉和有毒的植物饮料
· 禁食为偶像的献祭物

69

1　这里的血液是指从动物血管里流出的,而不是肌肉中所含的血。——编者注

印度教的饮食习惯

印度教徒相信思想、身体和精神是相互联系的，食物的选择会影响这三者。

塔玛西克食物被认为对身心都没有好处，会产生愤怒、贪婪和其他负面情绪。它们包括肉、洋葱、酒精以及变质、发酵、过熟或其他不纯净的食物。

拉贾西克食物被认为对身体有益，但会使人焦躁不安或过度兴奋。它们包括辣、咸、苦和酸的食物，以及巧克力、咖啡、茶、鸡蛋、辣椒、泡菜和加工食品。

萨特维克食物被认为是平衡身体，净化心灵，平静精神。最理想的食物种类包括谷物、坚果、水果、蔬菜、牛奶、澄清黄油和奶酪。

猪肉和奶牛都被禁止食用，因为它们被认为是神圣的。

美国很特别……基督徒、犹太教徒、印度教徒、穆斯林和佛教徒在食物的精神层面都有自己的联系，我们可以相互学习。

——马库斯·萨缪尔森

71

如果你在农场里不舒服，那么你在厨房里也不会舒服。

　　厨师要在厨房里获得成功，不仅需要熟悉食物，而且需要熟悉食物的来源——田地、农场和屠宰场。这些地方的氛围与厨房的不锈钢空间截然不同。人是不同的，衣服和鞋子也是不同的。熟悉的食物看起来不一样，它们肮脏，甚至血腥。但是，你必须仔细地了解这些地方，才能识别和评估处于生长状态的食物。除非你打算在素食环境中工作，否则你必须接受屠宰动物的行为，同时对它们给我们的礼物深表敬意。

72

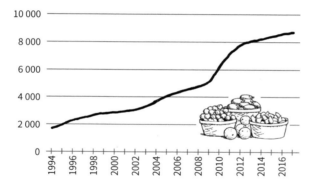

1994—2017 年美国农贸市场目录列表
资料来源：美国农业部农业营销服务

如何在农贸市场购物

提前到达，以获得最佳选择。迟到是为了获得最好的价值。

第二次逛。在所有摊贩中都逛一次，以检查质量和口味，提出问题，做笔记，并制订菜单计划。

讨价还价。礼貌地问摊贩："如果我每个买 5 磅，要多少钱？""剩下的你要怎么处理？"

与值得信赖的摊贩建立关系。经常回到他们身边，看看你是否可以在农贸市场之外的地方直接从他们那里购买。

73

香草

来自植物的绿叶部分

新鲜或干燥均可使用

通常生长在温带地区

可能具有药用或美容价值

例如：罗勒、牛至、百里香、迷迭香、
欧芹和薄荷

香料

来自植物的非叶部分（茎、树皮、种子、根或球茎）

通常干燥使用

通常生长在热带地区

可能具有防腐剂或抗炎／抗真菌剂的价值

例如：肉桂、姜、辣椒、丁香、芥子

香料曾被用作货币

香料和其他调味品在新月沃地和其他早期定居地区非常珍贵，因此被用于贸易或易货贸易。在罗马帝国，工人的工资通常是用 sal（意为盐，实际上是一种矿物）支付的，因此我们称之为工资（salary）。公元 408 年，西哥特人袭击罗马，索要 3 000 磅胡椒作为赎金的一部分。

在 14 世纪的欧洲，西红花造假者成了一个大问题，以至于政府颁布了《西红花法典》。根据该法典，西红花造假者被关进监狱，甚至被处决。如今，正宗的西红花每磅售价可达 1 500 美元。

74

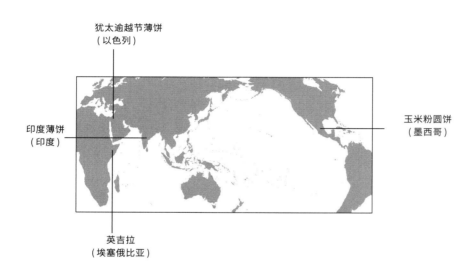

犹太逾越节薄饼
（以色列）

印度薄饼
（印度）

玉米粉圆饼
（墨西哥）

英吉拉
（埃塞俄比亚）

今天的薄饼[1]

狩猎—采集者喜欢扁面包

　　粗扁面包最早出现在公元前 10000 年左右。到公元前 3000 年，埃及人开始制作发酵（用酵母发酵）面包。古代的扁面包是将单粒和双粒野生小麦与水混合，然后将混合物放入可加热至 249℃的砖或黏土炉中烘焙而成的。如今的扁面包使用类似的配方，将面粉或全谷物与水和盐混合。

75

阿拉比卡咖啡

有波浪形皱纹的椭圆形豆子

矮树易收获，但容易受到病虫害
和恶劣气候的影响。

罗布斯塔咖啡

直纹小豆

生长缓慢，高咖啡因含量可以
保护植物，但恶劣的生长条件
可能使其产生橡胶味。

山羊发现了咖啡 [1]

　　有一种说法是，咖啡在 9 世纪首次被人类食用，当时一名埃塞俄比亚牧民注意到他的山羊吃了咖啡浆果后变得焦躁不安。

　　目前有两种咖啡占主导地位。**阿拉比卡咖啡**具有细腻的风味、明亮的口感和令人愉悦的酸度，占世界咖啡产量的三分之二或以上。**罗布斯塔咖啡**具有浓郁的巧克力味，醇厚，酸度低，约占世界咖啡产量的四分之一。阿拉比卡咖啡被普遍认为是更好的，经常喝的人会发现罗布斯塔咖啡有烧焦味或颗粒感。然而，罗布斯塔咖啡适合做浓缩咖啡，因为它的咖啡因含量几乎是阿拉比卡咖啡的两倍。它可以为阿拉比卡咖啡增加厚度，也可能会取悦那些喜欢加很多奶油和糖的人。

　　人们担心，由于气候变化和栖息地破坏，包括阿拉比卡咖啡在内的世界上 124 种野生咖啡中，60% 将在未来 60 年内灭绝。

76

1　内容来自阿龙·戴维斯，英国皇家植物园咖啡研究负责人。

精选白葡萄酒

通常更轻盈　通常更饱满

密斯卡岱	特干、脆、有矿物味，酸度明显
雷司令	干到发甜，酸度明显
长相思	干爽、酸度明显、明快、脆
灰皮诺、干灰皮诺	酸度中等，有香味
维欧尼	干爽，但有果味；酸度低
加州霞多丽	半干、浓郁，有橡木味或黄油味

精选红葡萄酒

通常更轻盈　通常更饱满

玫瑰红葡萄酒	因产地而异
博若莱新酒	年轻的葡萄酒；酒体轻盈
黑皮诺	酸度明显，芳香
里奥哈、丹魄	干爽，单宁适中
西拉	余味辛辣
梅洛	干爽，但果香浓郁
赤霞珠	余味悠长、果香浓郁、单宁粗糙

阅读葡萄酒标签

品种：所用葡萄的品种，如梅洛、灰皮诺。如果是在美国销售的葡萄酒，那么它至少有 75% 的成分必须是该标签品种的。如果一款葡萄酒被标记为**混合葡萄酒**或**佐餐葡萄酒**，那么它包含几种葡萄。这些葡萄可能不是来自指定的葡萄园。佐餐葡萄酒往往比特色葡萄酒更适合作为配菜。

原产国：在美国，原产国必须写在标签上。**旧世界**的葡萄酒来自最古老的葡萄酒产区（欧洲、中东部分地区），葡萄品种非常古老，气候大多较凉爽。它们通常味道精致，酒体轻盈，酒精含量较低。**新世界**的葡萄酒通常来自温暖的气候地区，往往果味更浓郁，酒体更饱满。

庄园装瓶：如果贴上这样的标签，葡萄酒必须在标签上标明该葡萄园的种植、生产和装瓶信息。

珍藏：在美国没有官方含义。

77

酒精度（ABV）：约 7%~24%，酒精度越高表示葡萄越成熟。如果酒精度超过 14%，必须在标签上注明。

亚硫酸盐：所有葡萄酒都含有一些天然亚硫酸盐。在美国，当其含量超过百万分之一时，标签上必须注明"含有亚硫酸盐"。

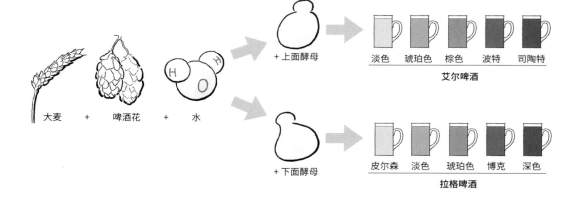

大麦　+　啤酒花　+　水

+ 上面酵母

淡色　琥珀色　棕色　波特　司陶特
艾尔啤酒

+ 下面酵母

皮尔森　淡色　琥珀色　博克　深色
拉格啤酒

啤酒是艾尔啤酒或拉格啤酒

啤酒令人困惑，因为它的种类太多了，而且每天都有新啤酒被生产出来。即使是传统啤酒，也会让人混淆，部分原因是啤酒制造商有时并不严格使用术语。例如，有些人会将较淡的啤酒称为皮尔森啤酒，将较深的啤酒称为拉格啤酒，但皮尔森实际上是拉格啤酒的一种。

啤酒的基本原理很简单：它由水、麦芽（部分发芽的）、大麦、啤酒花（一种平衡大麦甜味的半苦味花）和酵母制成。有时人们用不同的谷物代替大麦，如小麦啤酒和黑麦啤酒。

艾尔啤酒和拉格啤酒的区别在于酵母：艾尔啤酒使用在 15℃~24℃下激活的上面酵母，而拉格啤酒使用在 4℃~14℃下激活的下面酵母。

啤酒的偏好是非常个人化的，但总的来说，艾尔啤酒比拉格啤酒更甜、更有水果味。淡啤酒往往更适合搭配清淡的菜肴，而黑啤酒更适合搭配丰盛的饭菜。有啤酒花的啤酒可以让辛辣的菜肴更刺激，也可以减少食物的油腻感。

78

辣酱油

凤尾鱼、沙丁鱼

烧烤酱

长山核桃

甜酸酱

小麦、大豆

金枪鱼罐头

酪蛋白、大豆蛋白

常见食物中的常见过敏原

如果你对灰尘过敏，你也有可能对贝类过敏。

　　普通的室内尘螨属于节肢动物门，与螃蟹、龙虾、虾和其他贝类属于同一门。研究表明，对尘螨的敏感性是对原肌球蛋白的反应，原肌球蛋白是节肢动物中一种促进肌肉运动的蛋白质。

　　大约 4% 的人对某种食物过敏。成年人中最常见的是花生、贝类、鱼类、树坚果和鸡蛋。如果一道菜含有过敏原，请在菜单上注明，例如山核桃包裹的鳟鱼。污染可能通过手 / 手套、餐具、锅和托盘上的微量物质间接产生。因此，如果怀疑任何东西，甚至是装饰物接触到过敏原，请重新制作。将不会引起过敏的菜与其他菜分开送上餐桌。

不要吃生豆子

生豆子中含有凝集素，这是一种致命的毒药。它在芸豆中的浓度最高。在煮豆子之前，先把它们浸泡一夜。倒掉泡豆子的水，冲洗干净豆子，将其放入清水中煮沸，直至叉子可轻易插入。如果不能在足够高的温度下充分烹饪，可能会增加豆子中的有害化合物。其他食物中毒包括：

土豆是致命的茄属植物的一员。它们的叶子、茎和皮肤上的绿色斑点含有一种配糖生物碱毒素，但食用致死的情况比较罕见。

樱桃、李子、杏和桃子的核中含有一些化合物，这些化合物在碾碎和消化后会产生氰化物。

木薯粉来自木薯植物的果实，木薯的叶子含有氰化物。

食用大黄的叶子含有毒的草酸，其茎和根是安全的。

苦杏仁在加工前含有氰化物，一把就能杀死一个成年人。在美国销售的杏仁经过热处理，以去除毒素。

蓖麻：虽然 4~8 颗会杀死一个成年人，但蓖麻油是一种常见的保健品，有时会添加到糖果、巧克力和其他食物中。

河豚是美味佳肴，但它的器官含有河豚毒素，这是一种致命的毒药。根据法律法规，在出售河豚之前必须清除河豚毒素。

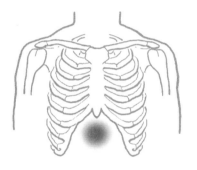

80

海姆立克急救法的按压点

厨房救援

刀伤：如果伤口边缘凹凸不平，组织暴露，血喷流不止，请拨打 911 [1]。如果组织被切断，用干净的塑料制品、纱布或布包裹，然后放在冰上。用一块干净的布压住伤口，抬高至少 15 分钟，不用检查。出血停止后，用水轻轻冲洗。冰可以消肿。

烧伤：将伤口放在流动的冷水下 15 分钟。不能用药膏、黄油或冰块。如果烧伤处起水疱、变白或肿胀得比你的手还大，请拨打 911。不要弄破水疱或去除任何粘住的织物。分开烧伤的手指，用干净的绷带包扎。将手抬到心脏以上的位置，抬起脚，以防止淋巴回流受阻。

过敏反应：拨打 911。如果患者携带肾上腺素注射器，将其扎入大腿，并保持至少 5 秒。按摩注射部位，帮助吸收。如果可能的话，让患者服用抗组胺药，双脚抬高躺下，松开腰带和紧身衣服。

窒息：拨打 911。专家们对这个症状很难有一致的结论。如果患者发出声音，说明他正在呼吸，可能会咳出阻塞物。如果患者处于安静状态，背部击打或海姆立克急救法都可能奏效。

眼睛里进入化学物质：立即用自来水冲洗 15 分钟。如果隐形眼镜在冲洗后还在，要把它们摘下来，然后拨打 911。

---

1 在中国，请拨打 120。——编者注

81

A 纸、木头、硬纸板、一些塑料

B 可燃液体，包括汽油、煤油、油脂和油

C 电气火灾

D 可燃金属

K 推荐用于商用厨房，因为其精细化学雾可
   以防止油脂飞溅和火焰重燃

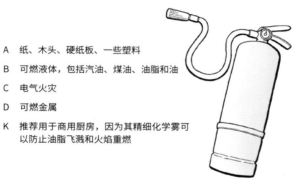

灭火器类别

不要把水倒在因油脂引发的火上

　　如果炉灶上的锅着火了，通常可以用锅盖将其扑灭。盐或小苏打也可以用来缓解火势，但需要很多。最佳方法是使用干粉灭火器。灭火器雾化物覆盖火焰，之后要彻底清理，因为化学物质会污染厨房。

　　切勿将水倒在因油脂引发的火上，因为这会使燃烧的油脂飞溅，增加人受伤的可能性。千万不要移动燃烧的物品，这会增加火势蔓延的可能性。

低温

饼干：在烘烤前，将饼干面团放在冰箱里冷冻 30 分钟。这可以防止面团放入烤箱后油脂提前融化，从而做出美味的厚饼干，而不是扁平的薄饼干。

油酥面团：温热的黄油容易与面粉混合，形成均匀致密的面团。在将小块黄油加入面粉之前，将其冷冻 20~30 分钟，这样在制作黄油布袋饼和薄脆派皮时，可以保持黄油层的低温和分离状态。

生牛肉如果放在冰箱里冷冻 30~60 分钟，就更容易切成薄片。这对爆炒和做意式生腌肉片很有帮助。意式生腌肉片是一种由非常薄的、轻微调味的生牛肉制成的开胃菜。如果把培根放在冰箱里冷冻 15~20 分钟，也更容易切片。

牡蛎和其他贝类在冷冻时更容易打开：在冰箱里冷冻 10~15 分钟，会使贝类密封口放松。

千层面：烘焙成半成品后，将其放在冰箱中冷藏，然后取出，这样更易把它切成你想要的块状物，以获得最终的烹饪效果。

83

虚假的厨房事实

1. 辣椒籽是辣椒中最辣的部分。（事实：是肉质的白色部分。）

2. 酒精在烹饪中会燃烧掉。（事实：它只会部分消散。）

3. 把番茄放在阳光充足的窗台上可以催熟。（事实：温暖、黑暗的地方是最好的。）

4. 在煮意大利面的水中加入油，以防止结块。（事实：大多数油会留在表面。为了防止粘住，用一只大锅，让意大利面保持运动。）

5. 木砧板会滋生细菌。（事实：其滋生的细菌往往会很快死亡。）

6. 只翻一次肉。（事实：经常翻可以产生令人满意的结果。）

7. 猪油不健康。（事实：猪油的饱和脂肪和胆固醇含量比黄油低。）

8. 轻煎肉以锁住肉汁。（事实：轻煎不会形成肉汁屏障。）

9. 不要冷冻已解冻的肉。（事实：如果处理得当，这没什么问题。）

10. 小胡萝卜是没有成熟的胡萝卜。（事实：它们是从成熟的胡萝卜上切下来的。）

用一个勺子烹饪，用另外的勺子品尝

没有经验的厨师会犯的十个错误

1. 不适当或不充分的准备工作

2. 时间安排不当，导致食物没有按正确的顺序完成

3. 在开始之前没有阅读或了解食谱

4. 锅不够热，特别是在制备蛋白质食物时

5. 在菜肴或烹饪方法中使用了错误的肉部位

6. 炒菜或烘焙时食材过多

7. 在过小的锅里煮淀粉，导致结块

8. 因为不允许继续烹饪，或因为害怕提供未煮熟的食物而导致过度烹饪

9. 盐放得不够或没有在适当的时候加盐

10. 上菜前不品尝

帽子： 能收拢被汗水湿透和蓬乱的头发，高度允许空气在头顶上方运动。在高级餐厅，帽子表示厨师受过传统训练；在其他地方，它可能是一顶球帽或头巾。

双排扣夹克： 白色反射热量，凸显清洁度

围裙： 有助于防止烧伤；可以快速移除

裤子： 深色或犬牙织纹

手巾： 系在背部腰带上

防护鞋： 站立舒适，防滑鞋底和钢制或塑料制鞋头

标准厨师服

为什么厨师的夹克是双排扣的

厨师夹克的正面是可翻转的，它可以从左到右，也可以从右到左。这使得厨师在进入餐厅迎接客人时，可以反穿并展现干净的一面。

此外，厨师夹克是由双层厚棉或涤棉制成的，通常是防火的，以防止溢出和飞溅。它使用的是布制的纽扣钉或纽扣，而不是塑料的，因为塑料纽扣会断裂或融化到食物里。袖口的开衩口向上，这样就能避开食物，还能展现不一样的设计。

餐厅 / 零售

独立面店和连锁店、快餐车、食品店和美食摊

机构 / 公司

大学、医院、养老院、公司办公室的餐饮服务

餐饮 / 私人厨师

特殊活动以及私人住宅的定期服务

商业 / 工业 / 批发

为餐馆和零售场所提供服务的生产商、供应商和销售商

媒体 / 影响者

食品造型、营销、配方测试、销售、写作和批评

烹饪职业

学校教你如何做厨子，经验教你如何成为一名厨师。

　　所有厨师都会烹饪，但并不是所有会烹饪的都是厨师。厨子每天为"就位"的某个环节做准备，或致力于整个厨房的工作，却只做某一个环节。厨师负责监督厨子，并熟悉每一个环节。厨子通常按小时计酬，而厨师是领薪水的。厨子可能会准备一道菜送到餐厅，但厨师的名字和声誉是与之相关的。

　　厨子已经学会了特定的技能，以一致的方式使用它们，并且通常遵循食谱。厨师有许多特定的技能，但可以直观地修改菜谱，以达到预期的效果。厨子可能知道如何制作所有的食物，厨师则知道哪些食物是相辅相成的。厨师不仅用脑，也要用心，他知道对食材和技术的理解胜过任何食谱。厨子知道怎么做，厨师知道为什么做。

作为一名职业厨师，你别无选择：你必须重复、重复、重复，直到它成为你自己的一部分。我当然不会像 40 年前那样做饭，但我的手艺仍然在。这就是学生需要学习的：技术。

———雅克·佩潘

88

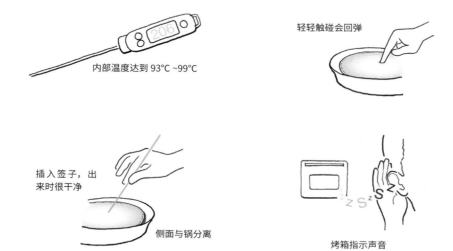

内部温度达到 93℃ ~99℃

轻轻触碰会回弹

插入签子，出来时很干净

侧面与锅分离

烤箱指示声音

蛋糕烘焙完成的标志

身临其境

　　厨房的主要感官可能是视觉、嗅觉、味觉和触觉，但倾听也会让你与食物保持联系，并帮助你衡量烹饪进度。没有必要观察水温，它会随着温度的升高而越来越叮咚作响。当它接近沸腾时，会"隆隆作响"，并最终产生大量的气泡，迅速打破表面。沸腾的酱汁听起来与煨的酱汁不同，人们可以听到煨的酱汁越来越浓。食物放入锅里时应该发出嘶嘶声；如果没有，就把它拿出来，继续给锅加热。

　　嘀嗒作响的烤箱正在冷却，嗖的一声意味着它在加热。烤蛋糕可能发出嘶嘶声和咔嚓声，而完全烤好的蛋糕很安静。完全烤好的面包敲起来很有内容，轻敲时有点空洞，做好的馅饼会发出咕咕声。

　　新鲜的蔬菜很脆。成熟的甜瓜敲击时听起来很饱满，但有点空心，而未成熟的甜瓜轻敲时会发出轻微的砰砰声。

重新调整用途，而不是重复使用。

设计多种用途的菜单计划。每种食物都有多种菜单用途。这样，如果一道菜没有头绪，那就派生用于另一道菜。

永远不要重复上同一道剩菜。当你把煮熟的东西放回冰箱时，第二天应该重新调整用途，而不是把它当作同一道菜来吃，无论它多么新鲜和美味。用剩米饭做炒饭，把剩下的意大利调味饭做成丸子，把吃剩的鸡肉切丝做成汤或鸡肉沙拉，把熟牛排放进墨西哥卷饼、馅饼和烩菜中。用放了一天的面包做面包屑、馅料、布丁和面包丁。

重新利用制备废料。使厨房操作系统化，使准备过程中产生的每一块废料都能立即被重新利用。在高汤中使用动物的肉和骨头，在汤、烩菜、杂烩菜、肉饼、肉丸、开胃菜中使用多余的肉、鱼块和熟食（冷制肉类），使动物脂肪变成烹饪用脂肪。用蔬菜残渣和切碎的香草茎给高汤和果泥调味。

冷的即食食物（奶酪、熟食肉类）

蔬菜和水果

鱼

块状猪肉和牛肉

鱼和碎肉

整只家禽和碎家禽肉

地板

冷藏库架子的食物储存顺序

食物储存

容器：使用不含双酚 A（BPA）的塑料或使用聚碳酸酯（PC 料）、玻璃或不锈钢制成的密闭容器。在每个容器上贴上内容物标签和购买或储存的日期。

按类别进行储存，这样在忙碌时也能很容易找到东西。在储藏室和冰箱里，给货架和食物贴上标签；当货架空空如也时，标签会告诉你该买什么。在门上贴一张储藏室的地图。

把肉放在最下面的架子上，这样肉汁就不会污染下面的食物。无论如何，核对规范，通常要求将所有食物储存在离地板 6 英寸或以上的地方。

不要使冷藏库过载，因为这可能会使冷藏库过度工作，导致温度不稳定。

干燥食物：储存在 21°C以下的黑暗空间中，如果可能的话，储存在接近 10°C的地方。如果条件允许，请使用除湿机。

先进先出原则（FIFO）：将新食物储存在旧食物后面，以便先使用旧食物。

减少食物浪费的美国环保署分级

经营绿色厨房的十种方法

1. 与当地农民和供应商建立关系，尽量减少使用当地的反季节食品。

2. 购买经过认证的有机鱼类，购买不含激素和抗生素、自由放养和素食喂养的肉类／家禽。

3. 在室外、屋顶或室内栽培器中种植香草和蔬菜。

4. 维护堆肥堆，雇用堆肥服务公司，或与当地农场合作，将食物垃圾用作动物饲料。

5. 安装一个管道系统，回收从屋顶和场地流出的灰水和径流。在洗手间，使用无水小便池和非接触式感应水槽。

6. 购买二手家具，或由回收、可再生材料制成的家具。

7. 在一天结束时降价出售未售出的预制食品，如甜点和即食三明治，或者让员工带回家。

8. 在允许的情况下，将剩饭剩菜用作家庭（员工）餐，或捐赠给食品赈济处和无家可归者收容所。

9. 回收旧食用油，将其用作生物燃料。

10. 回收塑料、玻璃、纸张、金属和泡沫产品。使用 100% 可回收的外卖容器、盘子和餐具、纸质吸管以及可重复使用的手巾和餐巾纸。

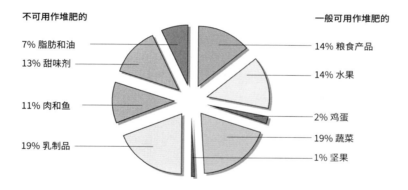

不可用作堆肥的

7% 脂肪和油

13% 甜味剂

11% 肉和鱼

19% 乳制品

一般可用作堆肥的

14% 粮食产品

14% 水果

2% 鸡蛋

19% 蔬菜

1% 坚果

按食物类别划分的美国食物浪费

如何堆肥

1. 选择一个阳光充足的地方，以最好地激活微生物。气味在合适的堆肥中不是问题。如果担心外观问题，使用一个直径约 3 英尺的封闭式齐腰高的容器。除此之外，一个开放的户外空间就足够了，但要使用屏障，以使它免受动物的伤害。

2. 仅需添加植物性废弃物，包括**棕色废弃物**（纸张、木材、稻草和树叶）和**绿色废弃物**（水果、蔬菜、草坪修剪物和咖啡渣），比例约为 3∶1。棕色废弃物含有丰富的碳，可以为分解食物碎屑的微生物提供养分。绿色废弃物提供氮，这将有助于制造新的土壤。不要将油、患病植物或动物产品（肉类、乳制品、脂肪、宠物粪便）堆肥。将大块废弃物分开，以加速分解。添加一些以前堆肥过的材料来增加微生物数量。

3. 保持堆肥稍微湿润。每周把它翻转一下，保持疏通，以便通风。只要空气和水分混合得当，它就会散发出泥土味，而不是臭味。

4. 如果几周后进展缓慢，添加更多的绿色材料。如果有臭味，可以添加更多的棕色材料，更频繁地翻一翻，减少水分。

5. 当堆肥获得肥沃的棕色土壤的外观和质地时，就做好了。每年分几次将其添加到花园土壤中。

一只 2 美元的鸡可能要花费 200 万美元 [1]

家禽导致了大约 25% 的食物相关疾病，比任何其他食物都要多。根据一项综合研究，餐馆是最常见的来源，最常被提及的因素是处理不当和烹饪不当。餐馆的责任还包括：

生物危害：微生物，包括细菌、霉菌、酵母菌、病毒、真菌、葡萄球菌、肉毒杆菌、沙门氏菌、链球菌、大肠杆菌和李斯特菌。

化学危害：清洁剂、杀虫剂和其他有毒液体。

食品中的**物理危害**，如玻璃、塑料、金属、木材、灰尘和油漆颗粒。

财产危害：地板打滑；结冰、光线不足、危险的人行道和停车场；来自建筑物、围栏、树木和电线杆的危险。餐馆可能对汽车、送货卡车和顾客的财产安全负责。

饮酒危害：餐厅可能因向顾客提供过多酒精而承担法律责任。

---

1 Chai, S. J.; Cole, D.; Nisler, A.; and Mahon, B. E. "Poultry: the most common food in outbreaks with known pathogens, United States, 1998–2012." *Epidemiology and Infection* 145, no. 2 (2017): 316–25.

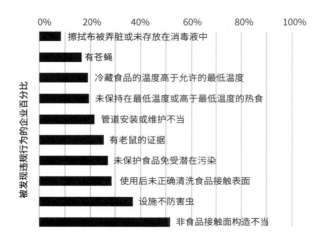

纽约市最常见的食品服务违规行为

来源：通过 ConsumerProtect.com 获得的纽约市开放数据

必须先清洁表面，然后才能对其进行消毒。

清洁是指在不使用杀菌剂的情况下，从地板和窗户等病原体传播风险较低的表面清除不需要的杂质。

消毒是食品接触表面的卫生规范。消毒能将清洁表面的微生物数量减少到安全水平，可以使用热水（至少 77℃）、蒸汽或化学品。被描述为洁净剂的产品必须杀死 99% 以上的特定细菌。然而，洁净剂对病毒和真菌没有作用。

专业灭菌应杀死产品标签上声称的 100% 的微生物。

奥古斯特·埃斯科菲耶（1846—1935）

厨师是首席

Chef 在法语中是"首席"的意思。甚至在一个世纪前，这个词还不被认为是英语单词。它来源于拉丁语 *caput*，意思是"头"，这个词根在今天的 per capita（人均）和 decapitate（斩首）中仍然存在。

Chef 这个词通过法语中的 Chef de cuisine（厨房负责人）与烹饪世界联系在一起。但厨师要负责的可能不仅仅是准备食物，还包括与用餐体验相关的任何事情：装饰、照明、点餐、卫生检查，甚至是管道。不管出了什么问题，厨师都得去解决。

如何更换水龙头

1. 如果有垃圾处理机，请关闭电源。关闭水槽下面的水阀，打开水龙头，以释放压力。把这一切都拍下来作为参考。

2. 用扳手断开供水管道，用水桶接水。

3. 让一个助手从上面握住水龙头，同时松开并取下下面的螺母。拆卸水龙头，彻底清洁水槽表面。

4. 将新水龙头附带的垫圈放在水槽的孔上，并设置盖板。如果需要填缝剂或密封胶，请参阅制造商的说明。

5. 把水龙头的管子穿过水槽上的孔，在水龙头底部安装垫圈和螺母。如果在步骤 4 中使用了填缝剂或密封胶，请擦掉下面多余的东西。

6. 对于下拉式水龙头，将快速连接软管连接到供水管道上，向下拉动软管并固定重物。

7. 连接供水管道，注意不要过度拧紧。

8. 稍微打开水，检查是否漏水。如有必要，拧紧连接，让水充分运转几分钟，以清除系统中的空气。

厨师工具箱中的不寻常物品

石板：清洗干净，用锡箔纸包裹起来，用于制作菜肴，如 *pollo al mattone*。它是意大利的一种烹饪鸡肉的方法，用重量来烹饪鸡肉，这样可以在大约一半的正常烹饪时间内做出脆皮和多汁的肉。

牙线：用于切蛋糕、卷饼、软奶酪、面团和芝士蛋糕。

滴药器：用于展示，如点酱油或甜点酱。

指甲油或增塑涂料：用于在工具上做识别标记。

标尺：用来测量面团的发面、牛排和其他食物的大小或厚度，并将量杯中的东西调平。

小喷雾瓶：用于润湿馅饼面团，在平底锅上涂油，在精致的绿色蔬菜上喷洒沙拉酱。

镊子或尖嘴钳：用于去除鱼身上的钉骨，挑出蛋壳碎片。

迷失时如何生存

准备。早点去上班，四处走动，了解每样东西的位置。向其他工作人员询问每件设备的情况。记下如何做事，了解菜单。

观察厨房文化。看看它是传统的还是比较开放的。

检查你的工作台，确认所有东西都已到位，每个容器都已装满。当厨房忙起来的时候，你将没有时间补充食物。当订单到达时，再次确认是否拥有所需的一切。

把跑单员对你说的每一句话都重复给他听，然后在脑子里多说两遍。尽量少说话，把注意力集中在订单上。

呼吸。忙碌的一段时间可以令人振奋充实，但当繁忙时，要偶尔花点时间反思一下正在发生的事情。

去冷藏库。如果需要与同事进行私人谈话，请人照看你所做的事，如果不会让人觉得不得体，可以到步入式冷藏库沟通。它几乎是隔音的，而且寒冷会帮助你迅速解决问题。

如果无事可做，看看是否有人需要帮助，包括洗碗工。

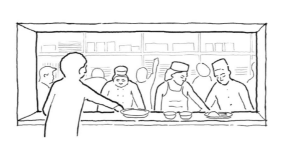

去厨房是免不了与人沟通的

因为厨房是"后台"，很少与公众互动，所以它似乎是内向者的理想场所。但在厨房团队中，内向是不可能的。你必须是一个积极的沟通者，认真仔细地听指令，不要把对你咆哮的命令当成是针对你个人的，要与你的下属清晰而有礼貌地互动。

当个人差异似乎无法克服时，提醒自己，厨房里的所有员工都有一个共同的核心利益：提供质量、味道和外观一致、符合厨师愿景的饭菜。上第 100 顿饭必须看起来像是出自一只手，而且是专门为点餐的客人制作的。

没有人会独自做饭。即使在最孤独的时候，厨师也被过去几代厨师的经验、现代厨师的建议和菜单，以及烹饪书作者的智慧包围。

——劳丽·科尔温 (1944—1992)

致谢

来自路易斯

感谢我的母亲玛丽德尔·冈萨雷斯-贝克曼、我的继父肯特·M.贝克曼、史蒂夫·布朗、斯蒂芬·查维斯、杰弗里·科克尔、马克·戴蒙德、罗纳德·福特、莫妮卡·加西亚·卡斯蒂略、彼得·乔治、马丁·吉利根、赫维·吉亚尔、西蒙·哈里森、基思·卢斯、迈克·马洛伊、杰森·麦卡特、罗兰·梅尼耶、约翰·莫勒、格伦·奥基、帕特里斯·奥利翁、迈克·佩格尔、莫罗·丹尼尔·罗西、拉克伦·桑兹、沃尔特·沙伊布、迈克·沙恩、保罗·舍曼、特立尼达·席尔瓦、理查德·辛普森、里克·斯米洛、罗伯特·索里亚诺、布鲁斯·惠特莫尔、马修·兹博劳伊，我的厨师同事，他们斟酌烹饪技巧和术语解释；我的学生们为本书提供了素材；美国海军；最重要的是，我美丽的妻子和最好的朋友——阿格尼丝·卡斯蒂略·何塞·埃瓜拉斯。

来自马修

感谢泰·鲍曼、索切·费尔班克、马特·英曼和约瑟芬·普鲁尔。